Andrea Gentile

KANN MEIN CHEMIELEHRER CRYSTAL METH HERSTELLEN?

Wissenschaft in Kultserien

Aus dem Italienischen von
Johannes von Vacano

Atlantik

Die Originalausgabe erschien 2016 unter dem Titel
La scienza delle serie tv bei Codice Edizioni, Turin.

*Atlantik Bücher erscheinen im
Hoffmann und Campe Verlag, Hamburg.*

1. Auflage 2016
Copyright © 2016 by Codice Edizioni, Turin
Illustrationen: Marco Goran Romano
Dieses Werk wurde vermittelt durch die
Christina Vikoler Literary Agency, München.
Für die deutschsprachige Ausgabe
Copyright © 2016 by Hoffmann und Campe Verlag, Hamburg
www.hoca.de www.atlantik-verlag.de
Satz: Farnschläder & Mahlstedt, Hamburg
Gesetzt aus der Sabon
Druck und Bindung: Friedrich Pustet, Regensburg
Printed in Germany
ISBN 978-3-455-70021-3

HOFFMANN
UND CAMPE

Ein Unternehmen der
GANSKE VERLAGSGRUPPE

INHALT

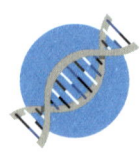

EINLEITUNG

Die Zeiten des Fernsehens, wie Ihr es kanntet, sind vorbei. Fernsehzeitschriften, Uhrzeiten und wöchentliche Ausstrahlungen gehören ab jetzt der Vergangenheit an: Nicht das Fernsehen diktiert uns, wann wir was sehen können, sondern wir bestimmen selbst. Früher musste man sieben lange Tage warten, um endlich die nächste Folge von *Emergency Room* genießen zu können. Heute müssen wir nur den Fernseher einschalten, den Streaming-Dienst unseres Vertrauens auswählen und entscheiden, wie viele Folgen *House of Cards* wir uns zu Gemüte führen wollen. Dank des Internets ist das Fernsehen heutzutage ein gewaltiges virtuelles Archiv geworden, auf das wir nicht nur über unser TV-Gerät zugreifen können, sondern auch über unsere Computer, unsere Tablets und Smartphones. Wo und wann wir wollen können wir eine Serie aussuchen und alle verfügbaren Folgen ansehen. Mit Streaming-Diensten wie Netflix und Sky On Demand, Amazon Prime oder Watchever ist jeder Augenblick der richtige, um in eine andere Welt einzutauchen.

Millionen von Fans verfolgen auf diese Weise – teilweise auch mithilfe illegaler Downloads – Dutzende und Aberdutzende von Serien und stillen ihren Appetit auf mehr, indem sie eine Folge nach der anderen verschlingen. Durch dieses sogenannte *Binge Watching* (der englische Ausdruck »binge« bezeichnet dabei allerlei exzessiven Genuss, etwa von Alkohol – oder eben von Serien) verlieren auch die Einschaltquoten, bei denen ermittelt wird, wie viele Personen eine Sendung im Fernsehen verfolgen, langsam an Relevanz. Der Streaming-Anbieter Netflix beispielsweise beobachtet jede unserer Bewegungen. Er schlägt uns nicht nur vor, basierend auf einem hochkomplexen (und streng geheimen) Algorithmus, welche Inhalte uns ebenfalls gefallen könnten, sondern weiß auch immer ganz genau, wie viele Personen gerade eine bestimmte Serie schauen. Aus den zuletzt veröffentlichten Daten geht hervor, dass im Jahr 2015 die rund 75 Millionen Abonnenten von Netflix insgesamt 42,5 Milliarden Stunden an Filmen, Dokumentationen und Serien geschaut haben – das heißt, dass jeder einzelne von ihnen im Durchschnitt anderthalb Stunden pro Tag auf Netflix zugebracht hat.

Wir leben im Zeitalter von *Big Data*, daran ist nicht zu rütteln. Und die Wissenschaft kann sich der Analyse dieser Daten natürlich nicht verschließen. Einerseits liegen den Forschern immer mehr Daten darüber vor, wie wir fernsehen, und andererseits arbeiten sie konzentriert daran, handfeste Experimente zu entwickeln, um zu ergründen, was sich in unserem Gehirn abspielt, während wir einen Film oder eine Serie ansehen. Für den großen Alfred Hitchcock basierte die Produktion eines Films auf einer wissenschaftlich genauen Untersuchung der Reaktionen des Publikums. Und damit sah er bereits die Entstehung eines Forschungszweigs namens *Neurocinema* voraus. Vielleicht werden wir es auch und gerade dem Streaming zu verdanken haben, wenn wir endlich das Geheimnis der perfekten Fernsehserie lüften. Man muss sich nur einmal vor Augen halten, dass 75 Prozent der Menschen, die sich *Breaking Bad* auf Netflix angeschaut haben, die ganze erste Staffel am Stück gesehen haben.

Was hat diese Serie, die vom Leben des Chemielehrers Walter White erzählt, zu einer der größten der letzten Jahre gemacht? Und welche geheime Formel steckt hinter ihrem Erfolg? Das lässt sich kaum mit Gewissheit sagen, aber wir wollen hoffen, dass es – zumindest zu einem kleinen Teil – auch daran liegt, dass sie neugierig macht auf die geheimnisvolle Welt der Chemie.

Können zwei schräge Typen wirklich eine derart harte Droge

wie Crystal Meth herstellen, noch dazu in einem Wohnmobil mitten im Nirgendwo? Das werden wir gemeinsam bei der Lektüre der folgenden Seiten herausfinden, auf einer Reise, in deren Verlauf wir enthüllen werden, wie viel Wahrheit in unseren liebsten Serien steckt. (Die einzelnen Stationen dieser Reise müssen keinesfalls in der hier gegebenen Reihenfolge abgeklappert werden, und auch die Verweise zwischen den Kapiteln sind höchstens als Anregung zu verstehen.)

Auf diesen Seiten, die das Ergebnis von stundenlangem, unermüdlichem *Binge Watching* im Namen der Wissenschaft darstellen, werden viele Serien vorüberflimmern, die von Science-Fiction und Fantasy handeln. Einige sind Klassiker, die uns etwas über Zeitmaschinen verraten, wie *Doctor Who*, oder über Reisen durch die unendlichen Weiten des Weltalls, wie *Star Trek*, oder aber uns, wie in *Battlestar Galactica*, die Grenzen des künstlichen Lebens offenbaren. Andere Serien verstehen es, die Genres aufzumischen und Science-Fiction meisterhaft mit Realismus zu verbinden: etwa *Akte X* mit seiner außerirdischen Verschwörung, das von Paralleluniversen umzingelte *Fringe* und nicht zuletzt *Orphan Black*, wo es von bösartigen Klonen nur so wimmelt.

Natürlich darf der beliebte Typus der Arztserien nicht fehlen, den uns die unmöglichen Diagnosen eines *Dr. House* nahebringen und über den die unglaubliche Zombie-Epidemie von *The Walking Dead* weit hinausführt. Es bleibt auch Raum für einen Hauch von Magie mit den Vampiren von *True Blood* oder dem verrückten Klima von *Game of Thrones*, nachdem wir uns mit dem Ursprung des Universums in *The Big Bang Theory* befasst und das Wesen der Zeit in *True Detective* beleuchtet haben.

Worauf wartet Ihr noch? Greift zur Fernbedienung und entscheidet selbst, mit welcher Serie Ihr anfangen wollt.

THE WALKING DEAD

Erstausstrahlung: 2010 (USA und Deutschland)
Staffeln: 6 (noch nicht abgeschlossen)
Binge-Watch-Dauer: 2 Tage, 21 Stunden und 18 Minuten
Inhalt: Deputy Sheriff Rick Grimes (Andrew Lincoln) wird im Einsatz bei einer Schießerei schwer verletzt und fällt ins Koma, aus dem er erst nach Wochen im Krankenhaus wieder erwacht. In der Zwischenzeit hat sich die Welt, die er kannte, radikal verändert. In seinem Heimatstädtchen King County im US-Bundesstaat Georgia treiben Zombies ihr Unwesen. Jeder Schritt wird zum Kampf ums Überleben. Nachdem er den ersten Untoten entkommen ist, macht Rick sich auf die Suche nach seiner Frau Lori (Sarah Wayne Callies) und seinem Sohn Carl (Chandler Riggs). Doch das ist erst der Anfang einer langen Reise durch das amerikanische Hinterland, das von einer geheimnisvollen Seuche heimgesucht wird. In dieser neuen Welt sind die Überlebenden oft gefährlicher als die »Beißer«.

Wir sind von Zombies umzingelt. In der Popkultur gibt es immer mehr Filme, Comics, Videospiele und Fernsehserien über die lebenden Toten, und mittlerweile erfreut sich das Genre einer nie dagewesenen Beliebtheit. *The Walking Dead* hat zweifellos zu dieser Erfolgsgeschichte beigetragen, eine Comic-Reihe, die seit 2003 bei Image Comics erscheint (und in Deutschland bei Cross Cult verlegt wird). Die blutrünstigen Geschichten sind der Phantasie von Robert Kirkman, Tony Moore und Charlie Adlard entsprungen. Die Geschichte rund um eine Gruppe von Überlebenden auf der Flucht vor einer Zombie-Epidemie, angeführt von Rick Grimes, hat bald darauf auch das Fernsehen erobert. 2010 feierte die Serie *The Walking Dead* auf dem US-amerikanischen Sender AMC ihr Debüt.

Zombies sind jedoch nicht erst mit den Fernsehserien entstanden, sondern kommen ursprünglich von sehr weit her, genauer gesagt aus Haiti, wo mächtige Hexer, sogenannte *Bokor*, die Körper der Toten wiederbelebten, um sie als Sklaven einzusetzen. Diese *Zonbis*, wie sie in der kreolischen Sprache der Insel genannt werden, gehören zur Tradition des *Voodoo* und haben nach Mary Shelleys *Frankenstein* und Richard Mathesons *Ich bin Legende* schließlich 1968 den Sprung auf die Leinwand gewagt. Sie sind die wahren Stars in *Die Nacht der lebenden Toten* von George A. Romero, dem Urvater aller Zombies. So wurde eine ganz eigene Sparte des Horrors aus der Taufe gehoben, bei der die Toten in einer apokalyptischen Welt ins Leben zurückkehren und zu einer Plage werden, die die Menschheit auszulöschen droht. Und genau da setzt auch die Serie *The Walking Dead* an.

WAS TUN BEI EINER ZOMBIE-EPIDEMIE?

Es mag seltsam klingen, doch die Zombies haben längst auch die Herzen von Ärzten, Physikern, Chemikern und Biologen erobert, die sich ihrerseits entschlossen haben, die Welt der lebenden Toten von einem wissenschaftlichen Standpunkt aus weiter zu erforschen. Aus welchem Grund? Schlicht und ergreifend weil man mithilfe dieser Kreaturen viele Aspekte unseres realen Lebens unter die Lupe nehmen und gleichzeitig ein großes Publikum dafür begeistern kann. Ein Beispiel hierfür ist die Epidemiologie.

Die Epidemiologie ist das Gebiet der Medizin, das sich mit der Erforschung der Verbreitung und Häufigkeit von Krankheiten in der Bevölkerung befasst: von Tumoren über Fettleibigkeit, Ebola und Infarkten bis hin zu Diabetes. Sie überwacht zum Beispiel die verschiedenen Grippeviren, also nicht nur die jahreszeitlich bedingten Grippewellen, sondern auch die besonderen Stämme wie Schweine- oder Vogelgrippe, die die Ärzte und die Allgemeinheit besonders beunruhigen. Diese »Sonderüberwachung« ist nämlich genau jener Angst geschuldet, dass es zu einer erneuten *Pandemie* kommen könnte, also der weltweiten Ausbreitung einer Infektionskrankheit in einem äußerst kurzen Zeitraum und mit extrem vielen Krankheitsfällen. Als Beispiel genügt ein Hinweis auf das Humane Immundefizienz-Virus (HIV), das inzwischen überall auf der Welt auftritt und im Jahr 2014 über 1,2 Millionen Menschen getötet hat.

Stellen wir uns nun einmal einen neuen, ebenso gefährlichen wie unbekannten Erreger vor, der eine noch höhere Sterberate besitzt, womöglich allein durch einen Händedruck übertragen werden kann und nun auf einmal in einer weit entfernten Region unseres Planeten in Erscheinung tritt. Was, wenn ein solches Virus oder Bakterium in der Lage wäre, die Menschen in kürzester Zeit in lebende Tote zu verwandeln?

In *The Walking Dead* erfahren wir nicht, was genau geschehen und wie die Zombie-Epidemie entstanden ist. Allerdings äußert Dr. Edwin Jenner in der letzten Folge der ersten Staffel einige Theorien, kurz bevor er seinen Laborkomplex und damit das Herz der US-amerikanischen Epidemiologie in die Luft jagt – das Center for Disease Control and Prevention (CDC, Zentrum für die Prävention und Kontrolle von Krankheiten) in Atlanta. Jenner erwähnt einen Erreger, der das Gehirn befällt, ganz ähnlich der Entzündung, die die schützenden Membranen unseres Nervensystems angreifen kann, besser bekannt als *Hirnhautentzündung* oder *Meningitis*. Doch nicht einmal er, der kompetenteste Wissenschaftler der ganzen Serie, kann sagen, ob diese Entzündung von einem Bakterium, einem Parasiten oder einem Virus ausgelöst wird (wenngleich das rundliche Gebilde, das genetisches Material enthalten soll und auf den Bildschirmen des CDC zu sehen ist, nahelegt, dass es sich um ein Virus handeln müsste). Und auch Kirkman, der Autor der Serie, scheint nicht genau zu wissen, worum es sich handelt, aber er hat augenscheinlich auch keinerlei Interesse daran, Details zu offenbaren: Er will einfach eine Geschichte erzählen, und seiner Meinung nach ist der Urheber der Epidemie weitaus weniger interessant als ihre Folgen. Wir wissen bislang nur, dass dieser Erreger bereits alle Menschen infiziert hat und nur darauf wartet, mit dem Tod des Opfers (der womöglich durch den Biss eines Zombies verursacht wird) die Kontrolle übernehmen zu können. Wahrscheinlich handelt es sich um einen Infektionserreger, der über die Luft oder, wie manch einer im Internet vermutet, über das Trinkwasser oder die Nahrung übertragen wird.

Die Wissenschaftler der realen Welt haben sich ebenfalls hauptsächlich auf die Entwicklung und die Folgen einer solchen Zombie-Epidemie konzentriert. Wir schreiben das Jahr 2009. In der Zeitschrift *Infectious Disease Modelling Research Progress* erscheint ein Artikel, der in die Geschichte der Zombie-Wissenschaft eingehen wird. Eine Gruppe kanadischer Mathematiker

(Philip Munz und Ioan Hudea von der Carlton University sowie Joe Imad und Robert J. Smith von der University of Ottawa) hat darin erstmalig eine realistische Darstellung vorgestellt, ein sogenanntes *mathematisches Modell*, das anhand von Zahlen die Entwicklung einer Zombie-Epidemie veranschaulicht.

Im Grunde haben die Wissenschaftler kurzerhand die Konzepte der Epidemiologie auf Zombies angewandt. Zunächst haben sie die allgemeinen Rahmenbedingungen ihrer Fragestellung definiert: Ein gesunder Mensch, der von einem Zombie gebissen wird, kann selbst zu einem Untoten werden, der seinerseits die Krankheit überträgt. Außerdem kann eine gesunde Person, die an natürlichen (oder unnatürlichen) Ursachen stirbt, als Zombie wiederauferstehen. Dasselbe kann, zumindest in ihrem Modell, auch ein bereits gekillter Zombie. Wir haben nun also drei große Kategorien vor uns: die *Anfälligen* (S, von *Susceptibles*, gesunde Menschen), die *Zombies* (Z, die lebenden Toten) sowie die *Entfernten* (R, von *Removed*, Verstorbene, die als Zombies wiederauferstehen können). Jetzt müssen wir nur noch eine Reihe von mathematischen Gesetzmäßigkeiten aufstellen, die den Übergang von einer Kategorie zur nächsten regeln. Dabei hängt die Wahrscheinlichkeit, mit der sich beispielsweise ein Individuum der Gruppe S in ein Z verwandelt, davon ab, wie viele Zombies und Gesunde sich derzeit in der Population befinden.

Sobald die Kategorien und die Regeln, denen sie unterworfen sind, feststehen, ist unser sogenanntes SZR-Modell fertig. Es handelt sich dabei um ein theoretisches Konstrukt, das an einen Klassiker der Epidemiologie angelehnt ist, das sogenannte SIR-Modell, bei dem allerdings anstelle der Zombies die *Infizierten* (I, für *Infected*) stehen. Diese Abbildungsform ist sehr vielseitig, auch weil sie ganz leicht erweitert werden kann, um das Modell noch detaillierter und komplexer zu gestalten. Tatsächlich haben unsere kanadischen Wissenschaftler sich auch entschlossen, noch eine eigene Kategorie einzuführen: I – Personen, die der Infektion ausgesetzt worden sind, sich aber noch nicht in Zombies verwandelt haben und eine Latenzzeit von 24 Stunden aufweisen.

Basierend auf diesem neuen SIZR-Modell haben die Mathematiker einen Computer mit den entsprechenden Gleichungen gefüttert, um eine Zombie-Epidemie zu simulieren. Die Ergebnisse dürften allerdings nicht gerade beruhigend für die Menschheit sein. Unter der Prämisse, dass niemand etwas unternimmt, sprechen die Zahlen eine sehr deutliche Sprache: Kommt es zu einer Pandemie, erobern die Zombies den Planeten im Handumdrehen.

Also haben die Wissenschaftler sich überlegt, auch alternative Szenarien zu untersuchen, wie etwa den möglichen Verlauf unter Einsatz von Quarantäne. Könnten wir uns retten, indem wir Zombies und Infizierte so schnell wie möglich isolieren? Wieder ist die Antwort eher deprimierend: Wenn wir zu Beginn einen hohen Prozentsatz der infizierten Personen unter Quarantäne stellen, können wir der Epidemie etwas besser standhalten – aber den unvermeidlichen Untergang zögern wir damit nur hinaus. Ganz abgesehen davon, dass diese Option im Chaos eines unvermittelten Ausbruchs wenig wahrscheinlich ist. Laut Modell gibt es nur eine Möglichkeit, wie die Menschheit überleben könnte: Wir müssten die Zombies immer wieder angreifen und eine immer größere Anzahl von ihnen vernichten, sobald die Ressourcen dafür vorhanden sind. So könnten wir, verspricht die Simulation, in nur wenigen Wochen 100 Prozent der Untoten ausschalten. Die Studie diskutiert als weitere Alternative auch ein Zombie-Heilmittel, jedoch verspricht selbst das nur einen Teilerfolg: Wäre es möglich, die Zombies zu behandeln und wieder in einen lebenden menschlichen Zustand zu versetzen, ohne dabei jedoch eine Immunität zu erreichen (geheilte Individuen würden bei erneutem Kontakt mit der Infektion, wie alle anderen auch, wieder zu Zombies werden), könnten wir zwar unserer Auslöschung entgehen, aber doch nur in kleinen Gruppen überleben.

Ausgehend von den Arbeiten der Kanadier haben sich viele Wissenschaftler darangemacht, zunehmend komplexe Modelle für

Zombie-Katastrophen zu entwerfen. Die einen haben versucht, die apokalyptischen Zustände aus Romeros *Nacht der lebenden Toten* oder Edgar Wrights Parodie *Shaun of the Dead* abzubilden, während andere sich auf realistischere Szenarien konzentriert haben. So hat sich beispielsweise eine Forschergruppe der Cornell University dafür entschieden, eine Zombie-Epidemie in den gesamten Vereinigten Staaten zu simulieren, und hierfür den virtuellen Untoten eine ganz grundlegende Eigenschaft verliehen: Bewegung. Alexander Alemi und seine Kollegen haben für ihre kürzlich veröffentliche Studie ein SIZR-Modell verwendet, das dem von Munz & Co. recht ähnlich ist, und ihre Zombies auf eine Karte der Vereinigten Staaten losgelassen, in die mehr als 11 Millionen einzelne Häuserblocks eingetragen wurden, basierend auf den Daten einer Volkszählung von 2010. Das ergab eine Verteilung von knapp 307 Millionen Menschen auf ein Gitternetz mit 1500 Spalten und 900 Zeilen. Der zusätzliche räumliche Faktor hat der Simulation zu größerer Präzision verholfen, weil so Zombies und Anfällige nur miteinander agieren konnten, wenn sie sich in demselben Feld auf dem Gitternetz befanden. Die Wissenschaftler haben die Geschwindigkeit der Untoten auf Grundlage der beliebtesten Zombiefilme geschätzt und sie auf rund 30 Zentimeter pro Sekunde festgelegt.

Was würde also geschehen, wenn unter der Gesamtbevölkerung 300 zufällig ausgewählte Menschen an zufällig bestimmten Orten gleichzeitig einer initialen Infektion mit dem Zombie-Virus ausgesetzt werden sollten? Der Großteil der virtuellen Bevölkerung würde den unschönen Wandel vom Menschen zum lebenden Toten innerhalb der ersten Woche durchlaufen. Während der Simulation hat sich nämlich gezeigt, dass sich die Epidemie zu Beginn in gleichmäßigen Kreisen ausbreitet, während erst in einer späteren, zweiten Phase eine gewisse Uneinheitlichkeit festzustellen war, die mit der unterschiedlichen Bevölkerungsdichte zusammenhängt. Die dicht besiedelten Küsten würden als Erste fallen, während die zentralen Gebiete noch standhalten könnten. Nach nur einem Monat, so Alemi und seine Kollegen, wären die Vereinigten Staaten in die Knie gezwungen, aber es würde sehr lange dauern, bis tatsächlich die gesamte Bevölkerung ausgelöscht worden sei. Nach vier Monaten gäbe es abgeschiedene Bereiche in den Bundesstaaten Montana und Nevada, in die noch immer kein Zombie gelangt wäre. Und wie würde es dem schönen Georgia ergehen, das als Kulisse für die Geschehnisse in *The Walking Dead* dient? Laut der Karte der US-amerikanischen Physiker bietet der Bundesstaat eine mittlere Überlebenschance von zwei bis vier Wochen, was sich letztlich ungefähr mit dem Umfeld der Geschichte von Rick Grimes und seiner Gruppe deckt.

WAS SPIELT SICH IM GEHIRN EINES ZOMBIES AB?

Führen wir ein kleines Experiment durch: Wenn wir einen gesunden Menschen und den am wenigsten verwesten Zombie, den wir auftreiben können, nebeneinanderstellen, worin besteht der wesentliche Unterschied zwischen den beiden? Richtig, darin, dass der Untote sich sofort auf den armen Kerl stürzt, um ihm das Fleisch von den Knochen zu reißen. Das ist nicht die feine englische Art, noch dazu ohne die geringste Begrüßung. Woher rührt dieser unaufhaltsame Drang, die Lebenden zu verspeisen? Und was ist mit all den anderen Eigenschaften, die die sogenannten *Beißer* in Robert Kirkmans Serie an den Tag legen?

Die Gründe für das Verhalten der Zombies sind in ihrem Gehirn zu suchen. Kein Geringerer als der bereits erwähnte Dr. Jenner versucht es zu erklären. Er zeigt uns dafür (mithilfe von Gerätschaften, die es heute noch gar nicht gibt) die elektrischen Impulse, die durch die kleinen grauen Zellen einer infizierten Person sausen, von Neuron zu Neuron, wie kleine Lichtblitze. »Was sind das für Lichter?«, fragt einer der Überlebenden ange-

sichts des wimmelnden Spektakels. »Das Leben eines Menschen. Seine Erfahrungen, seine Erinnerungen. Und genau da, irgendwo zwischen diesen organischen Verdrahtungen, diesen Lichtwellen, steckt das Ich. Das, was uns einzigartig macht – und menschlich.« Mit dem Tod, fährt Dr. Jenner fort, gehen all diese Lichter aus und das, was das Ich des Menschen ausmacht, verschwindet für immer. Doch die Infektion haucht einem wieder eine gewisse Form von Leben ein, ein schwaches Flimmern in den Nervenbahnen. Dabei wird allerdings nicht das gesamte Gehirn von reaktivierten Neuronen erleuchtet, wie man auf Jenners Aufnahmen sehen kann, sondern nur der *Hirnstamm*. Das ist der Bereich, der sich im Zentrum unseres Gehirns befindet und von dem die Verzweigungen ausgehen, die die äußeren Schichten bilden, die sogenannte *Großhirnrinde*, auch *Cortex* genannt. Der Hirnstamm ist evolutionsgeschichtlich betrachtet ein alter Teil des Gehirns, in dem sehr grundlegende Funktionen verankert sind, wie etwa die Steuerung von Reflexen, Atmung und Körpertemperatur. Ist ein Zombie vorstellbar, der ausschließlich vom Hirnstamm geleitet in der Lage sein soll, zu gehen, Menschen zu jagen und zu verzehren? Wohl kaum – und das sollte schon zeigen, dass etwas mit Jenners Theorie nicht stimmen kann.

Tatsächlich kann eine Krankheit, die die Toten wiederauferstehen lässt, unmöglich fast das ganze Gehirn ausschalten, denn aufzustehen und einen Schritt vor den anderen zu setzen, um einen Menschen zu verfolgen, sind viel zu komplexe Vorgänge, als dass sie ohne die Koordination der höheren Hirnfunktionen zustande kommen könnten. Bei der Lösung dieses Rätsels eilen uns zwei Neurowissenschaftler von der University of California zu Hilfe, Timothy Verstynen und Bradley Voytek. Sie haben 2014 ein Buch veröffentlicht mit dem schönen Titel: *Do Zombies Dream of Undead Sheep? A Neuroscientific View of the Zombie Brain* (*Träumen Zombies von untoten Schafen? Eine neurowissenschaftliche Betrachtung des Zombie-Gehirns*). Die Autoren sprechen darin allgemein von einer selektiven zerebralen Atrophie, also einem

Gewebsschwund, der nur bestimmte Bereiche des Gehirns aus dem Verkehr zieht. Sie stellen die Theorie einer Zombie-Krankheit auf, die sie *Consciousness Deficit Hypoactivity Disorder* (CDHD, Bewusstseins-Defizit-Hypoaktivitäts-Störung) getauft haben, in Anspielung auf die inzwischen zu trauriger Berühmtheit gelangte *Aufmerksamkeits-Defizit-Hyperaktivitäts-Störung* (ADHS bzw. engl. ADHD). In diesem Fall beinhalten die Symptome allerdings den Verlust eines bewussten und rationalen Verhaltens, das ersetzt wird durch Aggressivität, eine allein von Reizen gesteuerte Wahrnehmung, die Unfähigkeit der motorischen und sprachlichen Koordination sowie ein unstillbares Verlangen nach menschlichem Fleisch. Allesamt Verhaltensweisen, die sich mit Hirnschäden erklären lassen – abgesehen von dem zwanghaften Kannibalismus natürlich.

So können etwa die eher ziellosen Bewegungen der Zombies auf eine Fehlfunktion des Kleinhirns zurückgeführt werden. Dieser Bereich, der sich unmittelbar über unserem Nacken befindet, ist nämlich in erster Linie dafür zuständig, all unsere Bewegungen zu koordinieren. Indem er darüber hinaus Impulse von unseren Sinnesorganen empfängt und verarbeitet, kann er dem restlichen Gehirn dabei helfen, unsere Muskeln zielgerichtet in Bewegung zu setzen. Eine Beschädigung des Kleinhirns kann also unkoordinierte und steife Bewegungen sowie Probleme mit dem Gleichgewicht hervorrufen, ganz wie bei unseren Zombies.

Und was ist mit einfachen Worten? Es hat keinen Zweck, einen Zombie mit einem rhetorisch ausgefeilten Erguss zur Umkehr bewegen zu wollen, er wird dennoch an eurer Wade knabbern. In diesem Fall müssen wir unsere Aufmerksamkeit auf die linke Hirnhälfte richten, in der sich – zumindest bei Rechtshändern – die Bereiche befinden, die sich um unsere Sprache kümmern. Im linken *Temporallappen*, der sich ungefähr vom Haaransatz an der Schläfe bis zum Hinterkopf erstreckt und oberhalb des Ohres verläuft, befinden sich nämlich zwei kleine Bereiche, die erklären könnten, weshalb die lebenden Toten nicht sprechen können. Der eine ist das *Wernicke-Areal*, dessen Beeinträchtigung eine *Aphasie* hervorrufen kann, die sinnvolles Sprechen verhindert: Die verwendeten Wörter haben nichts mehr miteinander zu tun und ergeben keinerlei Sinn. Außerdem ist eine Aphasie mit schwerwiegenden Verständnisstörungen verbunden. Schäden am anderen Bereich, dem sogenannten *Broca-Areal*, führen hingegen zu einem stockenden Redefluss, mit Wortfindungsstörungen und fehlerhafter Grammatik. Wenn wir uns nun vorstellen, dass womöglich beide Areale atrophiert sind, lässt sich nachvollziehen, weshalb die Zombies sich nur mithilfe sinnloser Laute ausdrücken können.

Zu den interessantesten Wesensmerkmalen der Untoten gehört schließlich ihre Aggressivität und ihr gänzlicher Mangel an Selbstkontrolle: Erblicken sie lebendes Fleisch, gibt es kein Halten mehr. Sie müssen um jeden Preis an die Köstlichkeit gelangen und setzen dabei ohne zu zögern die eigene Sicherheit aufs Spiel. Ein derart unüberlegtes Verhalten kann von Schäden in einem Bereich herrühren, der für uns Menschen äußerst wichtig ist: der *präfrontale Cortex*, der sich, wie der Name schon nahelegt, unmittelbar hinter unserer Stirn befindet. Hier sitzt nicht nur unsere Fähigkeit zur Planung, um ein Ziel zu erreichen, sondern auch der Mechanismus, mit dem wir augenblickliche Bedürfnisse unterdrücken können, bis der richtige Moment gekommen ist, sie zu befriedigen. Das ermöglicht uns etwa, trotz einer unbändigen Lust auf Eiscreme an unsere Linie zu denken und nicht eine ganze Packung Stracciatella auf einmal zu verdrücken (ganz recht, Schäden am präfrontalen Cortex können auch zu Ernährungsstörungen führen). Dieser Bereich verfügt außerdem über die Macht, die mit Emotionen verbundenen Areale unseres Gehirns genauestens zu überwachen. Fehlt diese Hemmung, wird unser Verhalten deutlich impulsiver und auch rabiater. Da denken wir doch gleich an unsere untoten Freunde.

GIBT ES ZOMBIES WIRKLICH?

Zombies sind Produkte unserer Phantasie, wieso sollte man weiter um den heißen Brei herumreden? Es gibt schlichtweg keinen Krankheitserreger, der in der Lage wäre, uns von den Toten auferstehen zu lassen, unser Bewusstsein vollständig auszulöschen, die Kontrolle über unseren Körper zu übernehmen und uns dazu zu bringen, uns so bizarr zu verhalten. Bezüglich der Auferweckung von den Toten bestehen tatsächlich keinerlei Zweifel, aber was die anderen Dinge anbelangt, sollten wir vielleicht etwas vorsichtiger sein. Schließlich werden wir manchmal kontrolliert, ohne dass wir uns dessen bewusst sind, und häufig ist dafür eine ganze Welt von Organismen verantwortlich, die mit uns zusammenlebt: das sogenannte *Mikrobiom*.

In den letzten Jahren hat sich die Wissenschaft verstärkt der Erforschung des Mikrobioms verschrieben. Es bezeichnet die Gemeinschaft von Mikroorganismen, die in der Regel ungefährlich sind und auf demselben Raum leben wie wir. Man muss sich das einmal vorstellen: Auf uns und rings um uns befinden sich genauso viele Bakterien und Pilze, wie wir Zellen im Körper haben. Da wäre es doch seltsam, wenn all das keinerlei Einfluss auf die Funktionsweise unseres Körpers nehmen würde. Mikroorganismen sind überall: in der Beuge unseres Ellenbogens, in unserer Nase, in unserem Speichel, in unserem Gehörgang, zwischen unseren Zehen, in unserem Darm und unserem Magen. Das klassischste und vielleicht bekannteste Bakterium trägt den melodischen Namen *Escherichia coli*. Ein ungefährlicher Stamm dieses kleinen Organismus lebt unbeschwert in unserem Verdauungstrakt, wo es die Verdauung fördert und uns vor dem Befall mit anderen Krankheitserregern schützt.

Wissenschaftler vermuten, dass gerade die Bakterien, mit denen wir zusammenleben, zur Herstellung chemischer Verbindungen fähig sind, die unser Gehirn beeinflussen können. Forscher der McMaster University haben beispielsweise 2011 eine Studie in der Fachzeitschrift *Gastroenterology* veröffentlicht. Darin kann man nachlesen, was geschehen ist, als sie einigen Mäusen Antibiotika gegeben haben, die die bakterielle Darmflora vernichten sollten. Die behandelten Tiere verhielten sich weniger nervös und deutlich wagemutiger. Das änderte sich wieder, als die Medikamente abgesetzt wurden. Kurz gesagt: Die Bakterien kontrollierten ihr Verhalten.

Ganz zu schweigen von anderen Mikroorganismen. Ein bestimmter Streptokokken-Stamm, der normalerweise wenig mehr als Halsschmerzen verursacht, kann beispielsweise bei Kindern Zwangsstörungen auslösen. So geschehen im Falle von Sammy Maloney, einem zwölfjährigen US-Amerikaner, der 2002 auf einmal einen Persönlichkeitswandel durchmachte. Er betrat und verließ das Haus nur noch durch die Hintertür, trug ausschließlich bestimmte Kleidung und bestand darauf, dass das Licht immer eingeschaltet bleiben sollte. Anfänglich wurde bei dem Jungen das Tourette-Syndrom diagnostiziert, aber ein Test offenbarte, dass eine Streptokokken-Infektion vorlag. Nach einer Behandlung mit Antibiotika kehrte alles in den Normalzustand zurück. Der Grund dafür ist, dass die Antikörper, die das entsprechende Bakterium bekämpfen, auf einige Bereiche des Gehirns einwirken können, die unsere Bewegungen kontrollieren. Diese Bereiche können einen bestimmten Neurotransmitter namens *Dopamin* ausschütten, der mit Ticks und Verhaltensstörungen in Verbindung gebracht wird.

Nicht alle Bakterien führen jedoch Böses im Schilde. Das *Mycobacterium vaccae*, ein Mikroorganismus, der im Boden lebt, beschenkt uns beispielsweise mit Freude und Glücksgefühlen. In einer 2007 in *Neuroscience* veröffentlichten Studie haben Forscher von der University of Bristol nachweisen können, dass Mäuse, denen dieses Bakterium injiziert wurde, eine höhere Aktivierung von ganz besonderen Neuronen aufweisen: Diese

Neuronen produzieren *Serotonin*, den Botenstoff der guten Laune. Eröffnen sich da der Pharmaindustrie womöglich ganz neue Möglichkeiten für Antidepressiva? Das wird sich zeigen.

Verlassen wir die Welt der Menschen für einen Augenblick, dann lassen sich haufenweise Zombies finden. In der Natur gibt es nämlich die unterschiedlichsten Beispiele für unbewusste Verhaltensweisen und wandelnde Tote. Etwa die Juwelwespe (*Ampulex compressa*), ein verschlagenes Insekt, das in Afrika, im Süden Asiens und auf den pazifischen Inseln lebt und in der Lage ist, Schaben zu kontrollieren. Während der Brutzeit sucht sich diese außergewöhnliche Wespe eine Schabe aus und greift sie an, obwohl sie viel kleiner ist als ihr Opfer. Zunächst verabreicht sie der Schabe ein Gift, das deren Beine lähmt. Sobald die Schabe paralysiert ist, spielt die Wespe Neurochirurg und sticht in einen ganz bestimmten Bereich des Gehirns, in den sie eine Substanz injiziert, die ihr Opfer gewissermaßen zum Zombie macht: Es handelt sich bei diesem Stoff um eine chemische Verbindung, die die Wirkung des Dopamins blockiert, also genau jenes Botenstoffs, der, wie wir bereits gesehen haben, viel mit der Bewegung und der Wahrnehmung zu tun hat. Jetzt ist die Schabe aufgeschmissen. Sie kann sich zwar noch bewegen, aber nicht nach ihrem eigenen Willen. Die Wespe zerrt an den Fühlern ihres selbstgemachten Zombies, der ihr so gehorsam bis in ihren Bau folgt. Dort angekommen, legt die Wespe ein Ei direkt im Inneren der Schabe ab, bevor sie die kleine Höhle von außen verschließt. Die Larve wächst im Körper der willenlosen Kakerlake heran und ernährt sich von ihren inneren Organen, bis die Schabe verendet und nach etwa vier bis sieben Wochen eine neue Juwelwespe schlüpft.

Ein weiteres Beispiel ist der Parasit *Toxoplasma gondii*, der nicht nur Toxoplasmose im Menschen hervorrufen kann, sondern sich auch besonders gerne im Verdauungstrakt von Katzen vermehrt. Um dorthin zu gelangen, bedient er sich einer ziemlich einfallsreichen Taktik: Befindet sich der Parasit im Körper einer

Maus, nimmt er dem armen Tier einen Großteil seiner Angst vor seinen Jägern und sorgt außerdem dafür, dass die Maus sich von Katzenurin angezogen fühlt. Eine Maus, die keine Angst vor Katzen hat und sich nicht von Orten fernhalten kann, an denen diese ihr Geschäft verrichten, ist so gut wie verloren. Indem der Parasit das Verhalten seines Wirts modifiziert und ihn zu einer Art Halb-Zombie macht, schafft er es in den Magen der Katze, wo er sich nun reproduzieren kann. Wenn also das nächste Mal jemand sagt, Zombies seien doch nichts weiter als ein Phantasieprodukt, haben wir jetzt mehr als eine gute Antwort parat.

10 DINGE, DIE MAN ÜBER
THE WALKING DEAD WISSEN SOLLTE

1.

Die Figur des Dr. Edward Jenner ist eine Hommage an einen echten Wissenschaftler: Edward Jenner entwickelte Ende des 18. Jahrhunderts die Pockenimpfung.

2.

Daryl Dixons erste Armbrust ist eine Horton Scout HD 125 und kostet etwa 300 Dollar. Der Darsteller Norman Reedus hing so sehr an der Waffe, dass er sie nach den Dreharbeiten immer mit nach Hause nahm.

3.

Wann immer eine der Hauptfiguren der Serie stirbt, wird am Ende des Drehtages ein letztes großes Abschiedsabendessen veranstaltet (bei dem nicht der Verstorbene auf dem Speiseplan steht!).

4.

In der ersten Szene mit Daryl Dixon ist eine Anspielung auf die Serie *Breaking Bad* versteckt: Daryl hat eine Tasche voll blauem Crystal Meth bei sich, eben jenem Zeug, das Walter White und Jesse Pinkman herstellen.

5.

Greg Nicotero, ein Superstar der Special Effects, gehört zu den Produzenten der Serie und tritt von Zeit zu Zeit auch gerne selbst als Zombie in Erscheinung, beispielsweise als der Untote, der in der ersten Staffel Andreas Schwester beißt.

6.

In den Action-Szenen wird Rick Grimes' Sohn Carl von einem Stunt-Double ersetzt. Dabei handelt es sich jedoch nicht um ein Kind, sondern um eine 32-jährige Frau.

7.

Habt ihr euch schon einmal gefragt, wie es die Darsteller der Zombies am Set schaffen, ununterbrochen diese schrecklichen Geräusche auszustoßen? Nun ja, eigentlich gar nicht. Die Soundeffekte werden erst in der Nachproduktion eingefügt, wenn die Dreharbeiten längst abgeschlossen sind.

8.

Eine der beliebtesten Figuren der Serie, Daryl Dixon, taucht in der Comic-Vorlage gar nicht auf und ist eher zufällig in die Serie aufgenommen worden. Norman Reedus hatte für die Rolle des Merle Dixon, Daryls Bruder, vorgesprochen und dabei den Machern so gut gefallen, dass sie die Handlung umgeschrieben haben.

9.

In keiner einzigen Folge von *The Walking Dead* fällt je das Wort »Zombie«. Die *Walkers* werden im Original mit einer ganzen Reihe kreativer Namen betitelt, unter anderem *roamer* (»Streuner«), *lamebrain* (»Matschbirnen«), *biter* (»Beißer«), *lurker* (etwa »Lauernde«) oder *rotter* (»Verfaulte«).

10.

In den Comics verliert Rick Grimes schon relativ früh eine Hand. In der Fernsehserie hat man sich jedoch dagegen entschieden, weil man sonst in den Action-Szenen zu viele computergenerierte Spezialeffekte benötigt hätte.

BREAKING BAD

Erstausstrahlung: 2008 (USA) bzw. 2009 (Deutschland)
Staffeln: 5
Binge-Watch-Dauer: 1 Tag, 2 Stunden und 30 Minuten
Inhalt: Als er an Lungenkrebs erkrankt, beschließt der
Chemielehrer Walter White (Bryan Cranston), ins
Drogengeschäft einzusteigen, und nennt sich fortan
Heisenberg. Um die teure Behandlung bezahlen und für
die finanzielle Sicherheit seiner Familie nach seinem
wahrscheinlichen Ableben sorgen zu können, beginnt
er gemeinsam mit seinem ehemaligen Schüler Jesse
Pinkman (Aaron Paul), Methamphetamin herzustellen.
Er bekommt es dabei allerdings nicht nur mit der US-
Drogenbehörde DEA zu tun, für die sein Schwager Hank
(Dean Norris) arbeitet, sondern auch mit all den Kriminellen, denen er große Anteile am Drogenmarkt streitig
macht. Nebenbei muss er außerdem die Beziehung zu
seiner Frau und seinem Sohn retten, die sich zunehmend
entfremden.

Breaking Bad gehört zu den beliebtesten und erfolgreichsten Serien aller Zeiten. Vince Gilligan, ihrem Schöpfer, Hauptdrehbuchautor und Produzent, ist es gelungen, auf wunderbare Weise alle Zutaten der Geschichte perfekt zu dosieren, ohne dass in sechs Jahren Laufzeit je etwas danebengegangen wäre. Die komplexe Handlung folgt dem Leben eines todgeweihten Mannes, der es um jeden Preis zu etwas bringen will, während er auf Messers Schneide balanciert, um die verschiedenen Bereiche seines Lebens zusammenzuhalten. Walter White ist dabei auf eine verzweifelte Art und Weise menschlich, genau wie Jesse Pinkman, der labile Jungspund, der in Heisenberg eine verquere Vaterfigur findet. Zusammen stehen die beiden vor einer Reihe Schwierigkeiten, aus denen sie sich oftmals nur dank der Wissenschaft zu befreien wissen.

Was sie zusammenschweißt, ist das riskante Unterfangen, eine harte Droge herzustellen: Crystal Meth. Den Produzenten der Serie stand dabei ein ganzes Team von Wissenschaftlern beratend zur Seite, um Walters chemisches Know-how und das Ergebnis noch realistischer zu machen. Ohne jemals das genaue Rezept für das berühmte *Blue Meth* zu enthüllen, versteht sich.

HAUSGEMACHTES METHAMPHETAMIN

Könnte ein Chemielehrer tatsächlich Methamphetamin in einem Wohnwagen herstellen, ganz wie Walter White? Die Antwort lautet: höchstwahrscheinlich ja, denn die erforderlichen Prozeduren sind schon seit 1893 bestens bekannt. In jenem Jahr synthetisierte der Japaner Nagai Nagayoshi die Droge nämlich zum ersten Mal. Es handelt sich dabei um reinste Chemie, aber so ganz kann man die Herstellung nicht mit dem schlichten Befolgen eines Rezeptes vergleichen, denn schon ein kleiner Fehler kostet einen womöglich das Leben. Wie sagt unser lieber Heisenberg so gern? »Die Chemie muss man respektieren.«

Methamphetamin, das den schönen wissenschaftlichen Namen *N-Methyl-1-phenylpropan-2-amin* trägt, ist ein Molekül, dessen psychostimulierende Wirkung erst in den dreißiger Jahren des 20. Jahrhunderts entdeckt wurde und das ursprünglich tatsächlich als Mittel zur Befreiung der Atemwege in Inhalatoren Verwendung fand. In der Regel wird es in Form eines weißen Pulvers aus feinen Kristallen verbreitet. Dieses Pulver ist geruchlos, hat einen leicht bitteren Geschmack und wird meist oral oder durch die Nase konsumiert (»sniffen«), geraucht oder in Wasser oder Alkohol aufgelöst und injiziert. Es bewirkt einen Zustand der Euphorie, wie auch Jesse Pinkman bestätigen kann, weil es in der Lage ist, die Ausschüttung von Dopamin zu erhöhen. Daher stellt sich leicht eine Abhängigkeit ein, denn dieser Neurotransmitter hängt mit Belohnungs- und Motivierungsmechanismen zusammen. Unter dem Einfluss von Methamphetamin ist man aktiver und konzentrierter, verspürt weniger Erschöpfung und Hunger. Gleichzeitig muss man sich jedoch auf einen erhöhten und unregelmäßigen Herzschlag einstellen, auf eine gesteigerte Atemfrequenz sowie eine stark erhöhte Körpertemperatur. Der gewohnheitsmäßige Konsum von Methamphetamin ruft Veränderungen im Gehirn hervor (einige davon irreversibel), diese können zu Psychosen (Angstzustände und Halluzinationen), zu Konzentrations- und Gedächtnisstörungen sowie zu Persönlichkeitsveränderungen (gesteigerte Aggressivität und Stimmungsschwankungen) führen. Außerdem treten häufig Gewichtsverlust und Zahnschäden auf, wie man auch in *Breaking Bad* immer wieder sieht.

Doch wie stellt man Methamphetamin nun her? Eine der wichtigsten Zutaten, die Walter und Jesse in der ersten Folge für die Gewinnung von »Meth« verwenden, ist das amerikanische Arzneimittel Sudafed, das eigentlich für das Abschwellen der Nasenschleimhäute eingesetzt wird. Der darin enthaltene Wirkstoff

Pseudoephedrin ist einer der wichtigsten Bestandteile der sogenannten Nagai-Methode. Dieses Molekül weist große Ähnlichkeit zum Methamphetamin auf und stammt ursprünglich aus der Pflanzenwelt. Drogenköche extrahieren es mithilfe von Wasser oder Alkohol und Kaffeefiltern aus dem Sudafed und behandeln es anschließend mit Iod und rotem Phosphor, den man gewinnen kann, indem man ihn von den roten Reibeflächen an Streichholzschachteln abkratzt. Die Mischung aus Iod und Phosphor kann dem Pseudoephedrin eine Alkoholgruppe entreißen und so bei seiner Umwandlung in *Meth* helfen. An ausreichende Mengen Sudafed heranzukommen ist jedoch gar nicht so leicht, da die Arznei als Vorläuferstoff für Drogen bekannt ist und daher zu den kontrollierten Substanzen gehört. Um dieses handfeste Problem zu umgehen, schlagen Walter und Jesse in der siebten Episode der ersten Staffel einen anderen Weg ein, um Methamphetamin im großen Stil herzustellen: die sogenannte *P2P-Methode.*

Diese Prozedur ist als P2P bekannt, weil sie sich auf die besondere Umwandlung des *1-Phenyl-2-propanon*-Moleküls stützt, besser bekannt als *Phenylaceton*. Verglichen mit der Nagai-Methode ist P2P deutlich komplexer. Die Struktur von 1-Phenyl-2-propanon liegt sozusagen auf halber Strecke zwischen Meth und Pseudoephedrin: Man kann sich ihre Form wie einen alten Schlüssel vorstellen. Der Griff des Schlüssels besteht aus einem Kohlenstoffring, und an diesem Ring ist der Schlüsselbart befestigt, von dem wiederum ein paar andere chemische Gruppen wie Zähne abstehen. Verändert man nun diese Gruppen, verwandelt sich das Molekül in Methamphetamin. Der hierbei zum Einsatz kommende chemische Prozess stützt sich – wie alle aufmerksamen Zuschauer der Serie wissen – auf eine weitere von der Drug Enforcement Agency (DEA) kontrollierte Substanz. Es handelt sich dabei um *Methylamin*, eines der einfachsten organischen Derivate von Ammoniak, das bei Raumtemperatur einen gasförmigen Zustand annimmt. Für einen Chemiker ist Methylamin eigentlich gar nicht so schwer herzustellen, dennoch müssen Walter und Jesse einiges über sich ergehen lassen, um große Mengen davon zu gewinnen. Weshalb? Höchstwahrscheinlich handelt es sich dabei nur um einen erzähltechnischen Kniff, um ihnen das Leben noch ein wenig schwerer zu machen.

Wenn man also Phenylaceton und Methylamin kombiniert, erhält man dann das lupenreine *Blue Meth* von Heisenberg? Nein, nicht einmal ansatzweise, denn der wissenschaftliche Realismus von *Breaking Bad* hat hier seine Grenzen: Mit diesem Verfahren wäre es nämlich äußerst schwierig, ein zu 99 Prozent reines Methamphetamin zu erhalten, obwohl Walter White das mehrmals behauptet. Die Kondensation von Phenylaceton und Methylamin erschafft nicht nur die berühmt-berüchtigte Droge, sondern auch zwei unterschiedliche Moleküle, die jeweils das Spiegelbild des anderen darstellen. Walter höchstpersönlich erklärt es seiner Schulklasse in der zweiten Folge der ersten Staffel: »Da geht es um Dinge, die, wie zum Beispiel eure linke Hand und eure rechte Hand, zueinander spiegelbildlich sind, identisch, aber entgegengesetzt. Und genauso gibt es organische Verbindungen, die gewissermaßen spiegelbildlich zueinander geformt sind, nur auf der molekularen Ebene.«

Genau das tritt bei der Reaktion ein, von der die Rede war, denn bei 50 Prozent der entstehenden Moleküle befindet sich der Arm auf der einen Seite und bei 50 Prozent auf der entgegengesetzten – ein Phänomen, das in der Chemie als *Chiralität* bezeichnet wird. Die zugehörigen spiegelverkehrten Moleküle werden *Enantiomere* genannt. Während S-Methylamphetamin ein starkes Stimulans ist, kann man sein Enantiomer R-Methylamphetamin nur als äußerst schwaches Stimulans bezeichnen, vor allem ist es jedoch ein Schleimlöser. Hat Heisenberg womöglich eine Methode eingesetzt, um die beiden Meth-Versionen voneinander zu trennen? Mit Sicherheit, schließlich ist er im Labor der uneingeschränkte Herrscher: In der Serie war er sich dieses Problems sehr bewusst, gleichzeitig hatte er jedoch auch keinen

Grund, seinen Trick irgendwem zu verraten (genauso wenig wie die DEA, die am Drehbuch für *Breaking Bad* mitgearbeitet hat).

Auch die typische blaue Farbe der Droge, das Markenzeichen von Heisenbergs Crystal Meth, scheint eher in den Bereich der Fiktion zu gehören. Donna J. Nelson, eine Chemikerin von der University of Oklahoma und Beraterin für die Serie, erklärte der Zeitschrift *Scientific American*, dass derart reine Kristalle weiß oder lichtdurchlässig sein müssten. Bei einer Reaktion wie der, die Walter White einsetzt, hängt nämlich die Farbe des Endproduktes von den dabei entstehenden Unreinheiten ab. Allerdings sollte es bei der P2P-Methode zu keiner Verunreinigung kommen, die eine solche Färbung hervorrufen könnte. Die blaue Farbe wurde schlichtweg von den Drehbuchautoren gewählt, um dem kriminellen Duo eine brillante Marketingstrategie zu eröffnen. In der Tat haben seit der Ausstrahlung von *Breaking Bad* die Meldungen über blaues Methamphetamin zugenommen.

WER IST HEISENBERG WIRKLICH?

Heisenberg ist das Pseudonym, das Walter White gewählt hat, um in die zwielichtige Welt der Meth-Produktion einzutauchen. Und dafür hat er seine Gründe. Werner Heisenberg war nämlich ein genialer deutscher Physiker (also kein Chemiker), dessen Leben ebenso von grandiosen Erfolgen wie von mysteriösen Grauzonen durchsetzt war. Er wurde 1901 in Würzburg geboren, und während sein Vater Professor für griechische Philologie war, zeigte er von klein auf ein besonderes Talent für Mathematik und Physik. Nach seiner Promotion in München siedelte Heisenberg 1922 nach Kopenhagen über, um dort seine Forschung gemeinsam mit einem weiteren wichtigen Physiker jener Zeit fortzusetzen: Keinem Geringeren als Niels Bohr, der in jenem Jahr den Nobelpreis für seine Studien zur Struktur des Atoms erhalten hatte.

Der junge Werner hatte das berühmte Bohr'sche Atommodell sorgfältig studiert. Der dänische Physiker stellte sich das Atom als ein Gebilde vor, in dessen Mitte sich ein positiv geladener Kern befindet, der von negativ geladenen Elektronen umgeben ist. Diese kreisen in festen konzentrischen Umlaufbahnen um den Kern, welche wiederum von der Energie abhängen, die die Teilchen selbst besitzen. Das ließ sich auf das Wasserstoffatom ohne weiteres anwenden – es besteht aus einem Kern, um das ein einzelnes Elektron kreist –, bei komplexeren atomaren und molekularen Gefügen ergaben sich jedoch einige Komplikationen. Es schien unerlässlich, die Theorien Bohrs zu erweitern, und genau dieser Aufgabe widmete sich Heisenberg.

Seinen Beiträgen (neben denen weiterer großer Wissenschaftler wie Max Planck, Erwin Schrödinger und Paul Dirac) ist es schließlich zu verdanken, dass die *Quantenmechanik* begründet wurde. Dieser Teilbereich der Physik betrachtet das Verhalten von Materie auf der atomaren und subatomaren Ebene mithilfe von Wahrscheinlichkeiten. Heisenberg definierte als Erster die Quantenmechanik anhand von mathematischen Begriffen. Ihm zufolge lässt sich der Zustand eines Teilchens unmöglich zweifelsfrei bestimmen. Man kann ihn höchstens mit Wahrscheinlichkeiten beschreiben.

Denken wir noch einmal an das Wasserstoffatom: Das Elektron befindet sich mit einiger Wahrscheinlichkeit auf der von Niels Bohr beschriebenen Umlaufbahn, aber wir können auch nicht ganz ausschließen, dass diese doch etwas näher am Kern oder etwas weiter davon entfernt verläuft. Diese Theorie wurde 1925 formuliert und brachte Heisenberg, der ab 1927 als Professor in Leipzig lehrte, mit nur 31 Jahren den Nobelpreis für Physik des Jahres 1932 ein. Wer so ehrgeizig ist wie Walter White, kann nicht anders, als einem so großen Wissenschaftler nachzueifern.

Aber die Geschichte ist noch nicht zu Ende. 1927 trumpfte er mit der nach ihm benannten *Heisenberg'schen Unschärferelation* auf. Sie besagt, dass es unmöglich ist, gleichzeitig die

Geschwindigkeit und die Position eines Teilchens präzise zu messen. Ein konkretes Beispiel: Um herauszufinden, wo genau sich ein einzelnes Elektron befindet, versuchen wir es mit einem Lichtbündel zu beleuchten, das aus anderen Teilchen besteht, die Photonen genannt werden. Treffen diese Teilchen auf ein Objekt, prallen sie ab und kehren zu ihrer Quelle zurück, was uns sozusagen ermöglicht, das Objekt zu sehen (in etwa so, wie wir es vom Radar kennen). Verwenden wir ein hochenergetisches Photon, können wir zwar die exakte Position des Elektrons bestimmen, aber da bei dem Zusammenstoß ein Teil der Energie des Photons auf das Elektron übergegangen ist, haben wir so auch dessen Geschwindigkeit verändert. Ein Photon mit weniger Energie wirkt sich beim Aufprall zwar weniger auf die Geschwindigkeit des Elektrons aus, gibt jedoch auch weniger präzise Auskunft über dessen Position. Kurz gesagt: Indem wir die Realität beobachten, verändern wir sie. Für die Wissenschaft stellte das eine regelrechte Revolution dar, hatte sie doch bis zu jenem Moment geglaubt, die Realität mit absoluter Genauigkeit erfassen zu können, während sie eigentlich nur Wahrscheinlichkeitsaussagen treffen kann.

Heisenberg wird jedoch nicht nur wegen seiner wissenschaftlichen Durchbrüche gefeiert. Wie für so viele, veränderte sich sein Leben grundlegend, als am 30. Januar 1933 Adolf Hitler zum Reichskanzler ernannt wurde und sich auch in der Wissenschaft in Deutschland zunehmend der Einfluss des Nationalsozialismus bemerkbar machte. Heisenbergs Mentor, Professor Arnold Sommerfeld, wurde 1935 emeritiert, weshalb sein Lehrstuhl für theoretische Physik an der Universität München neu besetzt werden sollte. Auf der Liste möglicher Nachfolger stand Heisenberg auf Platz eins, doch die Auswahlkommission geriet mit dem *Reichsministerium für Wissenschaft, Erziehung und Volksbildung* und der *Deutschen Physik* aneinander, einer antisemitischen Bewegung nationalsozialistischer Physiker. Seinen nationalsozialistischen Kollegen war Heisenberg ein Dorn im Auge, da er, wie sie sagten, »jüdische Physik« lehrte, etwa die Relativitätstheorie

Albert Einsteins. In dieser sogenannten »Affäre Heisenberg« intervenierte sogar die SS: Heinrich Himmler, der als »Reichsführer SS« an der Spitze der Organisation stand, war der Meinung, dass man es sich nicht leisten könne, auf Heisenberg zu verzichten, und setzte sich persönlich dafür ein, dass die politischen Attacken gegen ihn aufhörten, nicht zuletzt weil sich die Eltern Himmler und Heisenberg kannten. Nach insgesamt vier Jahren Kontroverse stand Heisenberg die Stelle in München jedoch nicht mehr zur Verfügung.

Doch seine Kontakte zum NS-Regime gingen noch weiter. 1939 wurde er in das Nuklearprogramm des Dritten Reiches berufen, das den inoffiziellen Namen *Uranverein* trug. Welche Rolle er bei dem versuchten Bau einer Atombombe spielte, bleibt umstritten: Die einen glauben, er hätte schlichtweg keine brauchbaren Resultate erzielt, andere hingegen, dass er das Programm aktiv sabotiert oder zumindest dessen Ergebnisse hinausgezögert habe. Ein Großteil der Spekulationen basiert auf einem Treffen, das 1941 im nationalsozialistisch besetzten Kopenhagen zwischen Heisenberg und seinem langjährigen Kollegen Niels Bohr stattfand. Was genau gesagt wurde, werden wir nie erfahren, aber nach der Begegnung war der dänische Physiker zutiefst bestürzt – und ihre Freundschaft sollte sich nie wieder davon erholen. Einige Briefe, die Bohr niemals abschickte und die erst 2002 entdeckt wurden, legen nahe, dass Heisenberg zu jenem Zeitpunkt womöglich von einem Sieg Deutschlands im Zweiten Weltkrieg überzeugt war und daher seinem Kollegen empfohlen hatte, einen Pakt mit den Nationalsozialisten zu schließen.

Heisenbergs Atomprogramm war jedoch den Alliierten keineswegs entgangen. Wie sehr sie ihn im Auge behielten, verrät ein angedachtes Attentat, bei dem der Physiker durch Morris Berg ermordet werden sollte, einen Baseballspieler, der als Spion für die Amerikaner tätig war. Hätte Heisenberg während einer seiner Vorlesungen an der Universität enthüllt, dass Deutschland kurz vor der Herstellung einer Atomwaffe stand, hätte Berg ihn an Ort und Stelle, im Beisein aller Anwesenden, erschießen sollen. Da jedoch entsprechende Anzeichen ausblieben, drückte Berg nicht ab. Dennoch wurde Heisenberg nach Kriegsende zusammen mit neun weiteren Kollegen des Uranvereins von den Engländern festgenommen und für sechs Monate interniert. Anschließend konnte er an die Universität zurückkehren und weiter forschen und lehren. Das abenteuerliche und wechselhafte Leben Werner Heisenbergs endete am 1. Februar 1976. Er starb an einem Krebsleiden in Niere und Galle – eine weitere Parallele zu Walter White.

KANN EIN KLEINER KRISTALL EINE GANZE WOHNUNG IN DIE LUFT JAGEN?

Im Verlauf der Serie hat die Wissenschaft Walter White oft geholfen, den Kopf aus der Schlinge zu ziehen. So oft sogar, dass die Serie *MythBusters* des US-amerikanischen Discovery Channel *Breaking Bad* eine ganze Sondersendung widmete. Genug der Theorie, werfen wir endlich einen Blick auf die Praxis und nehmen zwei Momente unter die Lupe, in denen die Chemie Walter und Jesse aus der Patsche geholfen hat.

Fangen wir mit der sechsten Folge der ersten Staffel an, in der ein zu allem entschlossener Heisenberg dem unberechenbaren Drogenbaron Tuco Salamanca gegenübersteht, dem er gerade einen ganzen Beutel voller Kristalle überreicht hat, und nun das Geld für seine Lieferungen verlangt. Um seinen Forderungen Nachdruck zu verleihen, packt Walter einen dieser Kristalle, offenbart, dass es sich dabei keinesfalls um Methamphetamin handelt, und schleudert ihn mit aller Kraft auf den Boden: Sämtliche Fensterscheiben in der Wohnung der Gang zerbersten. Heisenberg droht, als Nächstes einen ganzen Beutel dieser Kristalle zur Explosion zu bringen, und kann sich somit siegreich vom Schlachtfeld zurückziehen (und nicht ohne einen Batzen Geld).

Die Substanz, mit der er die Explosion herbeiführt, ist tatsächlich sehr gefährlich und heißt, wie der Chemielehrer auch die benommenen Kriminellen wissen lässt, *Quecksilberfulminat* oder *Knallquecksilber*. Das Molekül mit der chemischen Formel $Hg(CNO)_2$ setzt sich aus Quecksilber (Hg), Kohlenstoff (C), Stickstoff (N) und Sauerstoff (O) zusammen. Man kann es recht leicht im Labor herstellen, und meist wird es als Zünder für Sprengstoffe verwendet. Da es sehr instabil und schwer zu handhaben ist – immerhin kommt es zur Explosion, sobald es Reibung, Wärme, Elektrizität oder Druck ausgesetzt wird –, stellt man Knallquecksilber nur als eher kleine Kristalle her. Es wird also tatsächlich meist in die Form gebracht, die Walter White so eindrucksvoll verwendet hat.

Stimmt es jedoch wirklich, dass man mit der in *Breaking Bad* gezeigten Menge Quecksilberfulminat eine derart starke Explosion auslösen kann, die sämtliche Scheiben in einem Haus zerschmettert (ohne die Anwesenden in Stücke zu reißen)? Um das zu überprüfen, haben die »Wissensjäger« von *MythBusters* ein Set errichtet, das dem Apartment von Tuco gleicht, und direkt noch einen Roboter dazu, der das Knallquecksilber mit der Kraft eines Menschen auf den Boden werfen kann. Das Ergebnis war ziemlich enttäuschend: Mit 50 Gramm der Substanz, also derselben Menge, die auch Heisenberg nutzt, kam es nicht einmal zu einem ordentlichen Rumms. Um das Versteck der Dealer zu zerstören, mussten die *MythBusters* eine richtige Zündvorrichtung und insgesamt 250 Gramm Quecksilberfulminat einsetzen. Unnötig zu erwähnen, dass Heisenberg und das übrige Gesindel eine derartige Erfahrung wohl kaum überlebt hätten (ganz abgesehen davon, dass auch der Beutel, den Walter anschließend in der Hand hält, explodiert wäre – mit noch viel verheerenderen Konsequenzen).

Auch ein anderer Klassiker aus der ersten Staffel wurde in

MythBusters auf die Probe gestellt. Die Rede ist, natürlich, von der zweiten Folge. Nachdem Walter und Jesse einen anderen Dealer, Jesses ehemaligen Kollegen Emilio Koyama, umgebracht haben, müssen sie dessen Leiche loswerden. Der Chemielehrer hat auch prompt eine Lösung parat: Sie müssen nur einen großen Plastikbehälter mit acht Litern Fluorwasserstoffsäure (HF, auch Flusssäure genannt) füllen und den Körper darin auflösen. Leider hört Pinkman selten auf das, was sein neuer Partner ihm rät. Statt also das geeignete Gefäß zu kaufen, nimmt er lieber direkt seine eigene Badewanne. Das führt dazu, dass der Boden des oberen Stockwerks nachgibt, weil sich das entsetzliche Gemisch nicht nur mit Leichtigkeit durch die Wanne ätzt, sondern auch durch die darunterliegenden Dielen. »Sieh mal, Flusssäure frisst sich nicht durch Plastik, dafür zerfrisst sie zuverlässig Metall, Stein, Glas, Keramik. So viel dazu«, konstatiert ein fassungsloser Walter White angesichts der menschlichen Überreste, die in Jesses Hausflur platschen.

Auch in diesem Fall haben die Jungs von *MythBusters* versucht, die Effekte aus *Breaking Bad* nachzuvollziehen. Wieder haben sie das Set der Serie nachgebaut und sich darangemacht, den Kadaver eines Schweins in einer Wanne aufzulösen, die dreimal so viel Säure enthielt, wie Jesse für seinen Versuch genutzt hat. Mit welchem Ergebnis? Das arme Schwein hat sich am Ende fast ganz aufgelöst, der Boden der Badewanne war jedoch noch intakt. Also hält die vielleicht spektakulärste Szene der ganzen Serie der streng wissenschaftlichen Überprüfung leider nicht stand. Aber letzten Endes ist es doch nicht weiter schlimm, dass *Breaking Bad* sich hier und da etwas schöpferische Freiheit in Bezug auf die Wissenschaft gegönnt hat – schließlich ist es nicht die felsenfeste Faktizität, die uns an den Bildschirm fesselt, oder?

10 DINGE, DIE MAN ÜBER
BREAKING BAD WISSEN SOLLTE

1.

Wie viele Folgen von *Breaking Bad* gibt es insgesamt? Die Antwort lautet 62. Was für ein Zufall, denn 62 ist im Periodensystem der Elemente auch die Ordnungszahl von *Samarium*, einem Stoff, der in der Krebstherapie, beispielsweise bei Patienten mit Lungenkrebs, eingesetzt wird.

2.

Bryan Cranston (Walter White) hat Gefallen daran gefunden, am Set nackt herumzulaufen, denn gegen Ende der Serie trug er häufig nur sein Adamskostüm, ganz wie in der berühmten Supermarkt-Szene.

3.

Bob Odenkirk, der den Anwalt Saul Goodman spielt, wollte Vorgriffe auf das Finale der Serie vermeiden. Daher hat er sich bei der Lektüre des Drehbuchs nur auf seine Stellen konzentriert und den Rest keines Blickes gewürdigt.

4.

Cranston wurde tatsächlich schon einmal des Mordes beschuldigt. Er arbeitete damals in einem Restaurant, dessen Koch ermordet wurde. Natürlich hatte er nichts damit zu tun, und sämtliche Anklagen wurden fallengelassen.

5.

Einige Fans haben die Serie etwas zu ernst genommen und Anna Gunn Drohungen geschickt. Sie spielt bei *Breaking Bad* Walters Frau Skyler, eine der unbeliebtesten Figuren der Serie.

6.

Die weiße Unterhose, die Walter White in der ersten Folge der Serie trägt, wurde versteigert und hat schließlich für das stolze Sümmchen von 10 000 Dollar den Besitzer gewechselt. Damit war sie bei der Versteigerung jedoch nicht die teuerste Requisite vom Set.

7.

Vince Gilligan, der Schöpfer von *Breaking Bad*, hat rund 30 Folgen der Serie *Akte X* geschrieben und bei den Dreharbeiten zu einer davon Schauspieler Bryan Cranston kennengelernt.

8.

Während des Vorspanns der Serie, bevor das Periodensystem der Elemente erscheint, ist ganz kurz die chemische Formel von Crystal Meth zu sehen: $C_{10}H_{15}N$.

9.

Ein Detail stört Gilligan im Nachhinein: Jesse Pinkmans Zähne sind einfach zu perfekt für jemanden, der so viel Meth genommen und so viele Fausthiebe kassiert hat.

10.

Der Titel der letzten Folge von *Breaking Bad*, »Felina«, bleibt auch weiterhin ein Rätsel. Einerseits ist er ein Anagramm von »Finale«, andererseits könnte er auch einen Verweis auf die chemischen Symbole von Eisen (Fe), Lithium (Li) und Natrium (Na) darstellen, also für Blut, Drogen und Tränen stehen.

DOCTOR WHO

Erstausstrahlung:
   Klassische Serie: 1963 (Großbritannien) bzw. 1989 (Deutschland)
   Neue Serie: 2005 (Großbritannien) bzw. 2008 (Deutschland)
Staffeln: 26 (klassische Serie) und 9 (neue Serie, noch nicht abgeschlossen)
Gesamtdauer Binge-Watching: 28 Tage, 7 Stunden und 50 Minuten
   Klassische Serie: 21 Tage, 22 Stunden und 30 Minuten
   Neue Serie: 6 Tage, 9 Stunden und 20 Minuten
Inhalt: Der Zeitreisende, der sich schlicht »Der Doktor« nennt, ist ein Außerirdischer mit menschlichem Aussehen. Er stammt vom Planeten Gallifrey und reist an Bord der sogenannten TARDIS durch Raum und Zeit. Das vernunftbegabte Raumschiff gleicht einer Notruf-Telefonzelle der britischen Polizei aus den sechziger Jahren. Auf seinen Abenteuern hat der Doktor menschliche Begleiter (die »Companions«) an seiner Seite, und gemeinsam helfen sie all jenen, die Unterstützung brauchen. Seine Spezies ist in der Lage, sich selbst von tödlichen Verletzungen zu heilen, allerdings erhält der Doktor im Zuge dieser Regeneration einen neuen Körper und ein neues Gesicht sowie eine neue Persönlichkeit.

Doctor Who sollte anfangs einen erzieherischen Zweck erfüllen. Die Zeitreisen sollten dazu dienen, bedeutende historische Ereignisse und wissenschaftliche Phänomene zu erforschen. Doch innerhalb kürzester Zeit wurden die Abenteuer des Doktors zu einer der beliebtesten Fernsehsendungen weltweit. Ganze Heerscharen von Fans – die sogenannten *Whovians* – verfolgen seine Heldentaten seit Jahrzehnten. Schließlich wurde die erste Folge der Serie bereits 1963 ausgestrahlt, William Hartnell verkörperte den ersten Doktor. Seitdem hat der namenlose Außerirdische insgesamt zwölf verschiedene Inkarnationen erlebt (und genauso viele Darsteller).

Die von der BBC erfundene und produzierte Serie hat dabei einige Hochs und Tiefs durchlebt, weshalb die Ausstrahlung aufgrund zu geringer Zuschauerzahlen 1989 unterbrochen wurde. Doch 1996 kehrte *Doctor Who* zurück – zunächst für einen Fernsehfilm, 2005 dann mit einer ganz neuen Serie, die noch immer läuft und in der Peter Capaldi derzeit den zwölften Doktor spielt. Ein Mix aus Mystery, Science-Fiction, Absurditäten und reichlich Robotern, der ganze Generationen von Zuschauern und Wissenschaftlern begeistert und fasziniert hat. Besonders all jene, die sich mit Zeitreisen befassen.

KANN MAN DURCH DIE ZEIT REISEN?

Wer hätte nicht Lust, den Doktor auf seinen Irrfahrten durch Raum und Zeit zu begleiten? Den Zielen sind so gut wie keine Grenzen gesetzt: Man könnte Nofretete im alten Ägypten begegnen, Marco Polo auf seiner Reise nach China Gesellschaft leisten oder William Shakespeare auf einer der vielen Bühnen Londons die Hand schütteln. Oder aber in die Zukunft reisen, um herauszufinden, was mit unserem Planeten und dem ganzen Universum geschehen wird. In *Doctor Who* kann man genau das und noch vieles mehr erleben – und zwar dank einer der sonderbarsten Zeitmaschinen, die je erfunden wurden: der *Time And Relative Dimension In Space*, besser bekannt als TARDIS.

Die TARDIS ist in der Lage, den Doktor in und durch jede erdenkliche Epoche zu kutschieren, wenngleich ihre Genauigkeit bisweilen zu wünschen übrig lässt. Aber ist es wirklich möglich, durch die Zeit zu reisen? Um eine Antwort auf diese Frage zu finden, muss man einen der größten und berühmtesten Wissenschaftler aller Zeiten ins Spiel bringen: Albert Einstein. Mit seiner 1905 entwickelten *Speziellen Relativitätstheorie* hat der Physiker den Grundstein gelegt für die Auseinandersetzung mit genau dieser Frage, aber auch mit anderen nicht unwesentlichen Themen, wie beispielsweise der Realität all dessen, was uns umgibt.

Der Speziellen Relativitätstheorie zufolge dürfen Raum (Länge, Breite und Tiefe) und Zeit nicht als zwei getrennte Dinge betrachtet werden, sondern als die vier Dimensionen einer einzigen Struktur, der Raumzeit. Ein weiterer Dreh- und Angelpunkt dieser Theorie – die auch heute noch immer wieder bestätigt wird – besagt, dass das Licht sich im Vakuum mit einer konstanten Geschwindigkeit von 299 792 458 Metern pro Sekunde fortbewegt, unabhängig von der Bewegung seines Ursprungs oder seines Beobachters. Das bedeutet zum einen, dass das Licht, das von der Sonne auf die Erde gelangt, diese Reise nicht augenblicklich zurücklegt, sondern etwa 8 Minuten und 20 Sekunden dafür benötigt. Zum anderen impliziert es – und das ist das eigentlich Neue an Einsteins Theorie –, dass nichts schnell genug ist, um das Licht zu überholen.

Hierzu ein kleines Gedankenexperiment: Stellen wir uns vor, mit etwa 50 Kilometern pro Stunde in einem Auto unterwegs zu sein und von einem zweiten Auto überholt zu werden, das 70 Kilometer pro Stunde schnell fährt. Aus unserer Perspektive überholt es uns mit einer relativen Geschwindigkeit von 20 Kilometern pro Stunde (also der Differenz zwischen unseren beiden Geschwindigkeiten). Wollten wir uns jedoch ein Rennen mit einem Lichtstrahl liefern, der mit rund 1080 Millionen Stundenkilometern recht flink ist, so würden wir, laut Einstein, vollkommen unabhängig von unserem eigenen Tempo, den Lichtstrahl mit seiner immer gleichen Geschwindigkeit an uns vorbeirauschen sehen. Selbst wenn wir uns der Lichtgeschwindigkeit annähern könnten, würde der Lichtstrahl mit 300 000 Kilometern pro Sekunde vor uns her sausen. Es scheint sich also etwas Merkwürdiges während der Reise ereignet zu haben: Die Raumzeit muss verzerrt worden sein.

Das ist eine der Folgerungen aus der Theorie des Nobelpreisträgers und auch genau das, was das klassische Gedankenexperiment, das sogenannte Zwillingsparadoxon, illustriert: Je schneller man sich fortbewegt, desto langsamer schreitet die Zeit voran. Um das zu erklären, müssen wir einmal von hypothetischen Zwillingen ausgehen. Der eine ist Astronaut und bricht im Jahr 2020 zu einer Mission ins All auf, an Bord einer Rakete, die 80 Prozent der Lichtgeschwindigkeit erreichen kann; der andere bleibt zu Hause. Drei lange Jahre treibt sich der Astronaut im Kosmos herum, bevor er beschließt, die Heimreise anzutreten, für die er noch einmal so lange braucht. Die Zeitmesser an Bord des Raumschiffs zeigen an, dass sechs Jahre vergangen sind und seine Landung im Jahr 2026 erfolgt. Aber kaum steigt er aus, muss er feststellen, dass die Kalender auf der Erde das Jahr 2030 anzeigen und sein Zwilling um zehn Jahre gealtert ist. Weshalb? Uhren, die sich in Bewegung befinden, messen die Zeit langsamer: Je höher ihre eigene Geschwindigkeit ist, desto langsamer werden sie. Erreichen sie 299 792 458 Meter pro Sekunde, bleiben sie ganz stehen.

Das Beispiel der Zwillinge zeigt uns, dass es durchaus möglich ist, in die Zukunft zu reisen, und dass wir gewissermaßen sogar alle Zeitreisende sind – ganz wie der Doktor. Die umtriebigsten unter uns sind dabei jene Astronauten, die sich in unserem kleinen menschlichen Standort in der Erdumlaufbahn aufgehalten haben: auf der Internationalen Raumstation (ISS), die mit rund 7700 Metern pro Sekunde um unseren Planeten kreist. Schon nach sechs Monaten auf der ISS macht man einen gewaltigen Satz in die Zukunft: etwa 0,007 Sekunden.

Wenngleich also eine Reise in die Zukunft durchaus im Bereich des Möglichen liegt – vorausgesetzt, man schafft es, sich in etwa so schnell wie das Licht zu bewegen (vgl. Kapitel 8) –, muss man für eine Reise in die Vergangenheit jedoch so manche zusätzliche Hürde überwinden. Daher stellte auch der Physiker Stephen Hawking die berechtigte Frage: Wenn Zeitreisen möglich sind – wo bleiben dann die Touristen aus der Zukunft? Der Speziellen Relativitätstheorie zufolge verläuft die Zeit in der Tat nur in eine Richtung. Eine Rückkehr an den Ort, von dem man aufgebrochen ist, wäre demnach unmöglich. Dennoch müssen die Fans von *Doctor Who* nicht verzagen, denn womöglich gibt es doch noch einen Ausweg.

Wieder ist es Einstein, der uns zu Hilfe kommt, und zwar mit seiner *Allgemeinen Relativitätstheorie* von 1915. Diese Theorie befasst sich im Wesentlichen mit der Schwerkraft. Isaac Newton verstand Gravitation als Anziehungskraft zwischen Körpern mit großer Masse, während Einsteins Interpretation die Gravitation als eine geometrische Eigenschaft der Raumzeit darstellt: eine Art Gewebe aus Raum und Zeit, das die Materie beeinflusst und im Gegenzug von ihr beeinflusst wird. Um das zu veranschaulichen, müssen wir uns ein großes elastisches Tuch vorstellen, das an seinen Rändern straff gespannt wird. Legt man eine Kugel aus Metall darauf, dehnt und krümmt sich das Tuch rings um die Kugel. Legt man nun weitere, kleinere Kugeln auf das Tuch, werden sie sich auf die größere zubewegen. Dasselbe geschieht mit einem Planeten oder einem Stern. Seine große Masse krümmt den umgebenden Raum und zieht weitere Satelliten oder Planeten an – zumindest innerhalb einer gewissen Entfernung. Da Raum und Zeit keine getrennten Entitäten darstellen, wird auch Letztere davon beeinflusst. In der Nähe von besonders massehaltigen Körpern laufen Uhren demnach langsamer – genauso wie es bei einer Annäherung an die Lichtgeschwindigkeit der Fall ist.

Hierbei handelt es sich nicht nur um Hypothesen, sondern um experimentell erhobene und nachgewiesene Daten, die beispielsweise auch durch das *Global Positioning System* (GPS) gestützt werden, welches dank Albert Einstein ermöglicht, unsere Position mit großer Präzision zu bestimmen. Auch Satelliten, die um die Erde kreisen und mit der Erdoberfläche in Verbindung stehen, sind sogenannten relativistischen Effekten ausgesetzt: Auf ihren Uhren läuft die Zeit einerseits aufgrund der hohen Geschwindigkeit, mit der sie über unsere Köpfe hinwegflitzen, etwas langsamer ab, andererseits verrinnt die Zeit etwas schneller, weil die Schwerkraft eine geringere Anziehung auf sie ausübt. Die Summe aus diesen beiden Effekten – die Uhren gehen wegen der Geschwindigkeit etwa 7 Millionstel Sekunden nach und dank der Schwerkraft 45 Millionstel Sekunden vor – macht es notwendig, dass jeden Tag die Uhren der Satelliten um 38 Millionstel Sekunden zurückgestellt werden, um sie mit den Uhren auf der Erde zu synchronisieren und eine präzise Positionsermittlung zu ermöglichen.

Wenn Zeit und Raum sich also krümmen, weshalb sollten dann nicht auch Krümmungen existieren, die so stark sind, dass sie einen geschlossenen Kreis bilden, einen sogenannten *temporal loop*, der es uns ermöglichen würde, in die Vergangenheit zu reisen? Genau das hat sich der Mathematiker Kurt Gödel 1949 überlegt, als er Einsteins Formeln studierte und es ihm gelang, sie zumindest theoretisch nachzuweisen. Dennoch ist diese gute Nachricht mit Vorsicht zu genießen, da sie experimentell bisher nicht bestätigt werden konnte: Die physikalischen Bedingungen, unter denen sich eine solche Kurve bilden würde, wären in der Tat sehr extrem und wenig wahrscheinlich.

Eines der klassischen Beispiele hierfür wäre das Konzept des Wurmlochs (engl. *wormhole*), eines Tunnels in der Raumzeit. Ein anderer Name hierfür lautet Einstein-Rosen-Brücke – so benannt zu Ehren von unserem guten alten Albert sowie von Nathan Rosen, einem Physiker, der 1935 die entsprechende Theorie formulierte. Aber auch hier greift man zur Veranschaulichung besser auf die eigene Vorstellungskraft zurück: Stellen wir uns ein einfaches Blatt Papier vor, das mit seinen zwei Dimensionen den Raum darstellt. Nun zeichnen wir irgendwo einen Punkt A und einen Punkt B ein und biegen das Blatt entlang seiner Längsachse zu einer Röhre (sodass sich die langen Seiten ein klein wenig überlappen). Um nun von A nach B zu gelangen, kann man entweder eine Linie entlang der Oberfläche des Blattes ziehen – oder aber man nimmt die Abkürzung durch das Wurmloch. Dazu muss man nur das Papier zwischen den beiden Punkten durchstoßen und die kürzeste Strecke durch den Hohlraum des Papierzylinders wählen: Man betritt das Wurmloch durch die eine Öffnung und kommt aus der anderen wieder heraus.

Bis jetzt haben wir nur von Positionen gesprochen, aber da wir es mit Raumzeit zu tun haben, ist wohl schon klar geworden, worauf wir eigentlich hinauswollen. In diesem Fall unterstützt uns ein weiterer theoretischer Physiker dabei, nämlich Kip Thorne; er hat 1986 die Hypothese aufgestellt, dass es Wurmlöcher gibt, die durchquert werden können, und zwar in beide Richtungen. Kurz gesagt: Wir könnten uns hindurchbewegen, ohne von den massiven Gravitationskräften in Stücke gerissen zu werden (der Fachausdruck dafür lautet *Spaghettisierung*, engl. *spaghettification*, und veranschaulicht den Vorgang recht gut). Man nehme eine Einstein-Rosen-Brücke mit zwei nahe beieinanderliegenden und verbundenen Öffnungen. Nun sendet man die eine Öffnung für die Dauer von zwei Jahren bei 90-prozentiger Lichtgeschwindigkeit auf die Reise und lässt sie zwei Jahre später wieder am Ausgangspunkt ankommen. Gemäß den bisher angestellten Überlegungen sendet das die Öffnung also ein paar Jahre in die Zukunft. Betritt man nun die andere Öffnung, die in der Gegenwart geblieben ist, landet man demnach in der Zukunft;

durchschreitet man hingegen die Öffnung, die sich annähernd mit Lichtgeschwindigkeit bewegt hat, gelangt man in die Vergangenheit.

Sollte das tatsächlich möglich sein, hätte der Doktor also Gesellschaft für seine Spritztouren durch die Zeit gefunden, wenn auch mit gewissen Einschränkungen. Diese Brücke würde es zwar ermöglichen, in die Vergangenheit zu reisen, aber nur bis zum Zeitpunkt ihrer Herstellung, keine Sekunde früher.

Ein Wurmloch ist also ein Bereich extremer Krümmung der Raumzeit, ein Punkt, bei dem man unglaublichen Gravitationsfeldern ausgesetzt ist: Nähert sich ihnen eine Masse an, wird sie unaufhaltsam angezogen und verschlungen (wer jetzt an ein Schwarzes Loch denkt, ist auf dem richtigen Weg – es hat viel mit einer Einstein-Rosen-Brücke gemeinsam). Schade nur, dass dieser Tunnel dazu neigen wird, sich selbst zu verschließen und daher recht rasch wieder zu verschwinden. Um (rein theoretisch) durch die Zeit reisen zu können, müssten wir also noch so einige Probleme lösen, vor allem jedoch müssten wir einen Weg finden, die Öffnung des Wurmlochs zu stabilisieren.

Die beste Möglichkeit, um ein Wurmloch offen zu halten und seine Durchquerung zu ermöglichen, besteht laut Kip Thorne darin, eine Substanz namens *Exotische Materie* zu nutzen, über die unter Wissenschaftlern weder Klarheit noch Einigkeit herrscht. Dabei müsste es sich nämlich um Materie oder Energie handeln, deren Eigenschaften sich deutlich von allem unterscheiden, was uns an Materie und Energie umgibt: Denkbar wäre etwa Materie, die eine negative Masse aufweist und daher nicht von Sternen und Planeten angezogen, sondern vielmehr abgestoßen wird. Das hat allerdings nichts mit Antimaterie zu tun, denn diese verfügt sehr wohl über positive Masse (hat aber eine elektrische Ladung vorzuweisen, die das genaue Gegenteil zur herkömmlichen Materie ist). Das konnte bereits in praktischen Experimenten nachgewiesen werden. Um jedoch eine Wurmloch-Öffnung von der Größe eines Menschen stabil zu halten, brauchte man neueren

Schätzungen zufolge eine Menge an negativer Materie, die einem Vielfachen der Masse des Planeten Jupiter entspräche.

Die TARDIS müsste folglich über einen ziemlich geräumigen Kofferraum verfügen (was übrigens sehr gut möglich ist, da ihr Inneres viel größer ist als ihr Äußeres – ein weiterer nützlicher Effekt der Raumzeit-Krümmung). Dennoch bestünde die Schwierigkeit nicht nur darin, enorme Mengen an positiver Masse zur Verfügung zu haben, um ein Wurmloch zu erschaffen. Man müsste außerdem all die exotische Materie (mit negativer Masse), deren Existenz wir noch nicht einmal beweisen können, herstellen und entsprechend manipulieren. In jedem Fall jedoch befindet sich im Herzen der TARDIS das »Auge der Harmonie«. Dabei handelt es sich um einen Stern, der aus dem Strom der Zeit gerissen und in genau dem Moment eingefroren wurde, in dem er dabei war, sich in ein Schwarzes Loch zu verwandeln. Aus diesem Auge der Harmonie bezieht das Raumschiff des Doktors seine Energie, um durch die Zeit zu springen. Ist es möglich, dass wir in der Zukunft über vergleichbare Technologien verfügen werden? Vielleicht sind ja die Zeitreisenden tatsächlich unter uns, und wir haben es – ohne Stephen Hawking zu nahe treten zu wollen – nur noch nicht bemerkt?

DIE GESETZE DER ZEIT

Bei all dem Kommen und Gehen des Doktors und seiner Begleiter stellt sich jeder früher oder später die Frage, weshalb er nicht einfach in der Zeit zurückreist, um die schlimmsten Tragödien der Menschheitsgeschichte zu verhindern. Auf fast alles gibt es eine Antwort, und im Universum von *Doctor Who* muss man folgende physikalische Gesetze der Zeit aufs Genaueste befolgen:

1. Es ist niemandem gestattet, sich selbst zu begegnen.
2. Es ist niemandem gestattet, in den Verlauf der eigenen Geschichte einzugreifen.
3. Ein Zeitreisender darf eine bereits ausgeführte Handlung nicht wiederholen. Sollte er es dennoch wagen – und das gilt auch für die ersten beiden Gesetze –, würde er damit den sogenannten *Blinovitch Limitation Effect* entfesseln – mit verheerenden Folgen.
4. Es ist niemandem gestattet, zum Planeten Gallifrey zurückzukehren, auf dem die Spezies der Timelords – zu denen auch der Doktor gehört – entstanden ist, weil man unter Umständen die Erfindung der Zeitreisen an sich aufs Spiel setzen könnte.

Es handelt sich hierbei offensichtlich um Gesetze aus dem Reich der Science-Fiction (die darüber hinaus auch schon von mehreren Versionen des Doktors gebrochen worden sind). Trotzdem haben sie hier und da einen wissenschaftlichen Beigeschmack, weil sie nämlich versuchen, einige der bekannteren Widersprüche von Zeitreisen aufzulösen. Ein klassisches Beispiel dafür ist das Großvater-Paradoxon: Stellt euch vor, ihr reist in die Zeit zurück, als euer eigener Großvater noch ein junger Mann war, und bringt ihn (versehentlich?) um. Da er so niemals eurer Großmutter begegnen kann, wird eines eurer Elternteile nicht geboren werden, was wiederum sehr wirkungsvoll verhindert, dass ihr selbst das Licht der Welt erblickt. Wenn das aber geschehen sollte, könntet ihr selbst nicht in der Zeit zurückreisen und euren Großvater ermorden. Würdet ihr also noch existieren – oder nicht?

Manche Meinungen besagen, dass in einem solchen Fall einfach ein Paralleluniversum geschaffen würde (darüber sprechen wir aber erst in Kapitel 6), andere hingegen schließen die Möglichkeit, in die Vergangenheit zu reisen, schlichtweg aus. Zu Letzteren gehört etwa unser verehrter Stephen Hawking, der seine ganz eigene Version des vernichtenden Blinovitch-Effekts postuliert hat. Die *Chronology Protection Conjecture* (auf Deutsch etwa: Chronologie-Schutz-Vermutung) des britischen Wissenschaftlers sieht vor, dass sich die Gesetze der Physik regelrecht verschwören würden, um eine etwaige Zeitmaschine zu vernichten – und jeden, der sie benutzen will. Der Physiker Igor Nowikow ist hingegen der Meinung, dass es durchaus möglich ist, in die Vergangenheit zu reisen, und dass das Großvater-Paradoxon mithilfe des nach ihm benannten Selbstübereinstimmungsprinzips gelöst werden könne. Demnach ist die Vergangenheit vollkommen unveränderlich: Die Ereignisse sind in jedem beliebigen Moment kausal determiniert – und zwar nicht nur durch das, was bereits geschehen ist, sondern auch durch das, was noch geschehen wird.

Sehen wir uns daraufhin das Großvater-Beispiel noch einmal an: Stellt euch vor, der Vater eures Vaters wäre lange in Kriegsgefangenschaft gewesen. Ihr entscheidet, ihm dieses Leid zu ersparen, auch wenn das zur Folge haben kann, dass er eurer Großmutter niemals begegnet und ihr eure eigene Geburt dadurch verhindert. Mit einer fabelhaften Zeitmaschine reist ihr in die Vergangenheit, aber um euren Großvater zu retten, müsst ihr in Kauf nehmen, dass stattdessen euer Großonkel gefangen genommen wird. Dumm nur, dass euer Großvater ein so großes Herz hat und sich dem Feind zum Tausch anbietet, um seinen kleinen Bruder auszulösen – und so in die ihm vorbestimmte Zelle gerät. Strenggenommen ist also das Ereignis in der Vergangenheit eure Schuld: Hättet ihr euch nicht eingemischt, wäre vielleicht keiner der beiden dem Feind in die Hände gefallen. Und selbst wenn ihr es mit diesem Wissen noch einmal versuchen solltet, um es besser zu machen, würde gemäß dem Selbstübereinstimmungsprinzip von Nowikow immer irgendetwas anderes geschehen, damit sich die Vergangenheit genau so entwickelt, wie sie sich eben schon zugetragen hat.

DIE PHYSIOLOGIE DES DOKTORS

Der Doktor stammt zwar vom Planeten Gallifrey, rein äußerlich scheint er aber sehr menschlich zu sein. Davon dürfen wir uns natürlich nicht täuschen lassen, denn unser lieber Außerirdischer verfügt über einige körperliche Eigenschaften, die alles andere als menschlich sind. Wir können ihn als eine Art Superhelden betrachten, da seine Reflexe, seine Sinne, sein Intellekt, sein Orientierungsvermögen und seine Widerstandsfähigkeit mehr als außergewöhnlich sind. Doch nicht nur das: Wie bei jedem ordentlichen Außerirdischen genügt ein Blick hinter die Fassade, um handfeste Unterschiede festzustellen, wie etwa die dreifache Helix seiner DNS (wir haben eine Doppelhelix) oder seine zwei Herzen.

Diese letzte Eigenheit dürfte uns weniger erstaunen, da wir als Menschen auch das eine oder andere Organ paarweise besitzen, wie etwa unsere zweiflüglige Lunge, die unser Blut mit Sauerstoff anreichert, oder unsere Nieren, die es filtern, um Verunreinigungen zu entfernen. Ganz allgemein gesprochen handelt es sich dabei um Organe, die für unser Leben von grundlegender Bedeutung sind, und dennoch hat die knausrige Evolution uns nur ein einzelnes Herz geschenkt. Wenn man es jedoch ganz genau nimmt, ist es gar nicht so einsam. Unser Herzmuskel besteht nämlich aus zwei Pumpen, die das Blut in zwei voneinander getrennten Kreisläufen in Bewegung halten: Auf der einen Seite befördern der rechte Vorhof und die rechte Herzkammer das Blut in Richtung der Lunge, wo es mit Sauerstoff angereichert wird; auf der anderen nehmen der linke Vorhof und die linke Herzkammer dieses sauerstofffreie Blut auf und verteilen es im ganzen Körper.

Was würde es also für Vorteile bringen, zwei getrennte Herzen zu haben, die genauso groß wären wie unseres und deren

Rhythmus darüber hinaus synchronisiert sein müsste? Zunächst einmal könnte im Fall eines Versagens des einen – so wie bei Lunge oder Nieren – das andere den Organismus weiter am Leben erhalten (und dem Doktor widerfährt das gar nicht so selten). Mit zwei pumpenden Herzen, die sich abwechseln, könnte außerdem der Blutdruck niedriger sein – was zu einer geringeren Belastung der Gefäße führen würde, während gleichzeitig die Versorgung der Muskeln und Organe mit Sauerstoff höher ausfallen würde.

Eine der faszinierendsten Eigenschaften des Außerirdischen vom Planeten Gallifrey ist und bleibt jedoch die Regeneration. Mit mehr als 2000 Jahren auf dem Buckel (auf ein Jahrhundert mehr oder weniger kommt es auch nicht an, vor allem weil er sich anscheinend selbst nicht so ganz genau an sein Alter erinnern kann) hat der Doktor dem Tod schon häufiger ein Schnippchen geschlagen. Die Angehörigen der Spezies *Dominus temporis* sind nämlich in der Lage, sich im Laufe ihrer Existenz wieder und wieder zu regenerieren – was ganz nebenbei eine hervorragende Möglichkeit darstellt, eine Fernsehserie *up to date* zu halten, obwohl sie seit mehr als 50 Jahren läuft. Vor nicht allzu langer Zeit ist unser liebgewonnener Doktor in seiner zwölften Inkarnation angelangt und wird seit Ende 2013 von Darsteller Peter Capaldi mit Leben erfüllt.

Die Fähigkeit zur Regeneration gestattet es dem Doktor, tödliche Verwundungen zu überleben. Der Preis dafür ist jedoch eine Veränderung seiner körperlichen Erscheinung und seiner Persönlichkeit, da jede einzelne Zelle seines Organismus erneuert wird. Wir Menschen machen das im Grunde auch, allerdings über viel längere Zeiträume hinweg. Bei anderen Lebewesen geht das schneller. In nur drei bis vier Tagen kann etwa die sogenannte *Hydra* ihren Körper erneuern, das ist der lateinische Name für die Gattung der Süßwasserpolypen: sehr einfache Organismen von etwa 1 bis 30 Millimetern Länge, die hauptsächlich in Süßwasserpfützen leben. Schneidet man eine Hydra in zwei Hälften, entsteht aus jedem der Teile ein in sich vollständiger Organismus, der natürlich kleiner ausfällt als das Original.

Das ist die Macht der *Morphallaxis*: Das verbleibende Gewebe kehrt in einen Zustand zurück, in dem seine Zellen noch nicht differenziert waren – also sich noch nicht in Organe und Haut ausgebildet hatten –, und jede einzelne spezialisiert sich neu, um eine bestimmte Funktion zu übernehmen. Kurz gesagt werden die Zellen wieder zu Stammzellen, mit der Fähigkeit, sich in die benötigten Bausteine zu verwandeln, um einen ganzen Organismus von Grund auf neu zu konstruieren. Wir können uns also vorstellen, dass mit dem Doktor in etwa dasselbe geschieht, allerdings mit einem nicht zu verachtenden zusätzlichen Problem: Sein Organismus ist viel komplexer als der einer Hydra. Eine weitere, viel größere Schwierigkeit besteht darin, dass auch all die Neuronen und neuronalen Vernetzungen erneuert werden müssen, die das Gehirn unseres Außerirdischen im Laufe seines sehr langen Lebens gebildet hat. Schon allein bei den 10^{15} Synapsen unseres Gehirns wäre es unmöglich – wie muss es sich dann erst bei einem Verstand verhalten, der über 2000 Jahre alt ist? Ist das vielleicht der Grund, weshalb der Doktor bei jeder Regeneration seine Persönlichkeit verändert?

10 DINGE, DIE MAN ÜBER
DOCTOR WHO WISSEN SOLLTE

1.

Die TARDIS hat aus einem bestimmten Grund das Aussehen einer Notruf-Telefonzelle der Polizei: 1963 wollte man eine Zeitmaschine, deren Design das Budget nicht überstrapazierte.

2.

1988 hatte das Filmstudio Paramount Pictures den Plan, einen *Doctor Who*-Film zu produzieren, in dem Michael Jackson oder Bill Cosby den Doktor verkörpern sollten, doch das Vorhaben wurde nie verwirklicht.

3.

Der Doktor war, soweit wir wissen, mindestens dreimal verheiratet. Die Glücklichen waren zwei reale Persönlichkeiten, Königin Elisabeth I. und Marilyn Monroe, sowie eine fiktive namens River Song.

4.

In seiner Jugend war Peter Capaldi, der zwölfte Doktor, ein riesiger *Doctor Who*-Fan. Das ging so weit, dass er die BBC mit Briefen bombardierte, um Präsident des offiziellen *Doctor Who*-Fanclubs werden zu dürfen.

5.

Ursprünglich sollte das Design der berühmt-berüchtigten Daleks, der roboterhaften Gegenspieler des Doktors, Ridley Scott anvertraut werden, dem Regisseur von Meisterwerken wie *Alien* und *Blade Runner*. Dieser gab jedoch seine Stelle bei der BBC auf, bevor er sich des Projekts annehmen konnte.

6.

Der Schöpfer der Daleks, Terry Nation, hat erzählt, dass er ihre Obsession für Auslöschung (»*Exterminate!*«, zu Deutsch: »Vernichten!«), Eugenik und Gleichschaltung den Nationalsozialisten nachempfunden habe. Das spiegelt sich auch in ihrem Äußeren wider: Ihre erhobene Strahlenwaffe ahmt den Hitlergruß nach.

7.

Der vierte Doktor hat in der Werbung gearbeitet. 1980 spielte Tom Baker gemeinsam mit seiner Reisegefährtin in einer Reihe von Werbespots für Prime Computers mit.

8.

Die Daleks sind Sammlerstücke. 2009 wurde einer der vier Roboter von 1963 für rund 28 000 Euro versteigert. Seinerzeit hat man etwa dieselbe Summe ausgegeben, um alle vier Roboter zu bauen.

9.

Das typische Geräusch, wenn die TARDIS sich materialisiert, wurde mit recht simplen Mitteln geschaffen: Man hat einfach den Klang eines Schlüssels, der über die Saiten eines alten Klaviers streicht, aufgenommen und rückwärts abgespielt.

10.

Um die TARDIS kommerziell ausschlachten zu können, musste die BBC sich vor Gericht mit der Metropolitan Police einigen, die die Rechte an ihrem Design besaß. Da jedoch die Polizei in den sechziger Jahren aufgehört hatte, solche Notruf-Zellen zu verwenden, gibt es heutzutage tonnenweise TARDIS-Merchandising-Produkte für Fans.

GAME OF THRONES

Erstausstrahlung: 2011 (USA und Deutschland)
Staffeln: 6 (noch nicht abgeschlossen)
Binge-Watch-Dauer: 2 Tage und 3 Stunden
Inhalt: Auf dem Kontinent Westeros sind Intrigen an der Tagesordnung, wenn es darum geht, wer auf dem Eisernen Thron Platz nehmen darf. Als König Robert Baratheon (Mark Addy), der Usurpator, seinen Freund Eddard Stark (Sean Bean) an den Hof ruft, löst er damit eine ganze Reihe von Ereignissen aus, die schließlich zum Krieg zwischen den großen Häusern des Reiches führen – den höchsten Preis müssen dabei die Starks zahlen. Unterdessen ist weit im Norden eine uralte böse Macht erwacht und bereitet sich darauf vor, in die Sieben Königslande einzufallen, und allmählich stellt jenseits der Meerenge die rechtmäßige Königin Daenerys Targaryen (Emilia Clarke) die Weichen, um den Thron zurückzuerobern.

Beinahe zehn Jahre nach dem großen Kinoerfolg von *Der Herr der Ringe* rechnete niemand damit, dass das Fantasy-Genre auch die Fernsehgemeinde im Sturm erobern könnte. Dafür brauchte es schon einen Schriftsteller, dessen Vision ebenso ausufernd und tiefgreifend wie die von J. R. R. Tolkien war, wenngleich George R. R. Martin mit den Romanen rund um *Das Lied von Eis und Feuer* eine Welt geschaffen hat, die sich sehr von der des großen britischen Schriftstellers unterscheidet. Zwiespältige Figuren, Sex, rohe Gewalt, starke Frauen, wenig Zauberei, dafür umso mehr politische Intrigen und Tote: Das sind die hochklassigen Zutaten von Martins epischem Werk, denen die beiden Show-runner David Benioff und D. B. Weiss nicht haben widerstehen können – sie mussten einfach eine TV-Serie daraus machen. Nachdem er den ersten Band des Zyklus, *A Game of Thrones* (deutscher Titel: *Die Herren von Winterfell*), gelesen hatte, stand Benioff unter Strom: Er wollte sich um jeden Preis die Rechte sichern, um eine Serie daraus schmieden zu dürfen. Er musste nur noch den bärbeißigen Martin überzeugen, der bereits etliche Umsetzungen für das Kino abgelehnt hatte. Nach einem Meeting mit den beiden Produzenten und Drehbuchautoren, das geschlagene fünf Stunden dauerte, gab er schließlich nach, als sie ihm eine Frage zu einem der zahlreichen ungelösten Rätsel der Saga stellten: »Wer ist die Mutter von Jon Schnee?« Das bewies Martin, dass er es mit zwei waschechten Fans seiner Bücher zu tun hatte. Dieser Moment entpuppte sich als die Geburtsstunde einer der beliebtesten Serien der letzten Jahre. Inzwischen entfernt sich die Serie nicht nur nach und nach von der ursprünglichen Romanhandlung, sondern greift dieser sogar teilweise voraus, da Martin noch an den weiteren Bänden arbeitet. Obwohl *Game of Thrones* mit vollen Händen aus dem Fundus der Fantasy schöpft und in einem pseudomittelalterlichen Setting angesiedelt ist, lässt sich selbst in den finstersten Winkeln von Westeros noch das eine oder andere Quäntchen Wissenschaft finden.

SELTSAMES GETIER:
DRACHEN UND SCHATTENWÖLFE

Sie heißen Drogon, Rhaegal und Viserion und gehören zu den faszinierendsten und gefährlichsten Tieren in *Game of Thrones*. Es handelt sich bei ihnen um gewaltige, feuerspeiende Drachen. Sie sind aus drei Eiern geschlüpft, die sich in der Obhut von Daenerys Targaryen befanden. Sie ist die rechtmäßige Erbin der Sieben Königslande, welche ihre Familie einst auf dem Rücken genau solcher außergewöhnlicher Reittiere erobert hatten. Nach einem langen Bürgerkrieg um die Thronfolge wurden jedoch die meisten Drachen getötet, sodass ihre Art mit der Zeit ausstarb. Zurück blieben nur ihre riesigen Skelette und versteinerte Eier – wie jene, aus denen die drei Kreaturen der Serie geboren wurden.

Aus den Romanen des *Liedes von Eis und Feuer* erfährt man, dass Balerion, der eindrucksvollste Drache der Familie Targaryen, mehr als 60 Meter maß (also ungefähr so lang war wie eine Boeing 777) und ein ganzes Mammut verschlingen konnte. Könnten sich Tiere in dieser Größenordnung wirklich in die Lüfte emporschwingen? Wohl kaum, wenn man ihre Masse betrachtet. Die Drachen aus *Game of Thrones* sind im Grunde enorme Reptilien, vergrößerte Versionen einer Eidechse oder eines Krokodils. Sie haben kurze Hinterbeine und verlängerte Vorderläufe mit Flügeln, die denen einer Fledermaus ähneln. Bei einem derartigen Gewicht müssten solche Gliedmaßen entsprechend dicke Knochen aufweisen, da sie sich ständig beugen und drehen müssten. Das hat Michael Habib, Paläontologe an der University of Southern California, in einem Interview der *NBC News* verraten. Allein beim Gehen wäre die Belastung so hoch, dass die Knochen brechen würden. Auch wenn Schwingen aus Haut tatsächlich viel widerstandsfähiger und effizienter sind als gefiederte Flügel, wären doch, um tatsächlich damit abheben zu können, massive Knochen als Rahmen vonnöten. Die Knochen würden am Ende mehr Platz einnehmen als der Flügel an sich.

Einige Paläontologen, wie etwa Mark Witton von der University of Portsmouth, wollen sich jedoch nicht geschlagen geben. Sie verweisen gerne auf *Quetzalcoatlus*, eine Gattung von Flugsauriern, die zu den größten bisher entdeckten Arten gehört. Diese Riesen hatten eine Flügelspannweite von über 10 Metern, wogen bis zu 200/250 Kilogramm und segelten gemeinsam mit anderen Saurierarten vor etwa 70 Millionen Jahren durch die Kreidezeit. Der Trick von Tieren dieser Art besteht darin, so leicht wie möglich zu sein. Es ist kein Zufall, dass Flugsaurier hohle Knochen und über ihren ganzen Körper verteilte Luftsäcke besaßen, um so ihre Körperdichte zu verringern (darin sind sie unseren heutigen Vögeln sehr ähnlich, die in der Tat von bestimmten Dinosauriern abstammen). Eines der Hauptprobleme für unsere Reptil-Drachen wäre ihr riesiger Schweif, der bei Sauriern wie dem Quetzalcoatlus hingegen sehr schlank ausfiel.

Mag ein fliegender Drache bereits eine eindrucksvolle Erscheinung sein, so ist es ein feuerspeiender Drache erst recht! In der Natur findet sich ein Fall, der gewisse Ähnlichkeiten mit den zündelnden Reptilien aus George R. R. Martins Feder aufweist: der Bombardierkäfer (*Brachinus sp.*). Dieses Insekt kann zwei Flüssigkeiten, nämlich Hydrochinon und Wasserstoffperoxid, ausscheiden und in zwei getrennten Sammelblasen aufbewahren. Bei Bedarf können durch eine Kontraktion des Unterleibs die beiden Substanzen in der sogenannten Explosionskammer vermischt werden. Bei der heftigen Reaktion der beiden Chemikalien entsteht ein heißes Gasgemisch (bei manchen Gattungen kann es bis zu 100 °C erreichen), das der Käfer seinem Angreifer entgegenschießt.

Würde ein Drache so ähnlich funktionieren wie ein Bombardierkäfer, müsste er in einem gesonderten Magen eine brennbare Substanz ansammeln, um sie im Bedarfsfall verwenden zu können. Durch bestimmte Bakterien, die auch in unseren menschlichen Gedärmen leben, entsteht bei der Verdauung Methangas, das sich sehr gut eignen würde. Man bräuchte nur noch einen Funken, und fertig wäre die Feuerlanze. Auch für einen Zündmechanismus lassen sich bestimmte Vermutungen anstellen: Ein Drache könnte, wie es bestimmte Vögel tun, zur Erleichterung der Verdauung Steine und Felsen verschlucken. Es wäre denkbar, dass dabei kleinere Fragmente und Splitter zwischen seinen Zähnen stecken bleiben. In dem Fall würde eine kleine Bewegung des Kiefers im richtigen Moment ausreichen, um einen Funken zu erzeugen und das Methan zu entzünden – wie wenn man ein Lagerfeuer entfacht, indem man zwei Steine aneinanderschlägt. Man kann sich das Feuerspeien also durchaus plausibel zusammenreimen, nur leider hat uns die Evolution keinen Drachen geschenkt, an dem man diese Hypothese überprüfen könnte.

Was lässt sich hingegen zu der anderen – realistischeren – Kreatur sagen, die in *Game of Thrones* eine zentrale Rolle spielt, dem Schattenwolf? Dieses Tier prangt im Familienwappen des Hauses Stark, und bereits in der allerersten Folge werden wir Zeuge, wie einige Welpen dieser Spezies den Sprösslingen der Herren von Winterfell anvertraut werden. Diesseits der Mauer hielt man sie für ausgestorben, doch nun tauchen sie wieder inmitten der Menschen auf, vom Vormarsch der legendären »weißen Wanderer« nach Süden gedrängt. Anders als bei den Drachen hat Martin die Schattenwölfe einem Tier nachempfunden, das es tatsächlich gegeben hat: dem *Canis dirus* (lat. für »schrecklicher Hund«; im Original der Serie heißen die beeindruckenden Tiere auch *Direwolves*). Er durchstreifte im Pleistozän (bis 10 000 Jahre vor unserer Zeit) ein Gebiet, das sich von Kanada bis nach Venezuela erstreckte. Diese Jagdgründe teilte er sich mit einer weiteren Spezies, die wir noch heute in Europa und Nordamerika antreffen können: dem *Canis lupus*, besser bekannt als Wolf. Das soll jetzt nicht den Eindruck erwecken, unser urzeitlicher *Canis dirus* und der Schattenwolf aus *Game of Thrones* wären identisch. Die Fiktion – ein Raubtier von der Größe eines kleinen Pferdes, mit langen Gliedmaßen, einem schlanken Körper und messerscharfen Zähnen – ist weit von der Realität entfernt. Die Schattenwölfe scheinen vielmehr eine vergrößerte Version unseres gemeinen Wolfes darzustellen, wohingegen der *Canis dirus* ein gedrungenes Tier mit einem massiven Körperbau war: Es kam auf etwa 1,5 Meter Länge und wog bis zu 80 Kilogramm, dazu hatte es eher kurze Beine, die sich nicht für eine lange Verfolgung der Beute eigneten.

Auch der natürliche Lebensraum des *Canis dirus* unterschied sich deutlich von dem, was Martin sich in seinen Büchern ausgedacht hat und was wir in der Serie bestaunen können. Er war vor allem in weiten Prärien und dichten Wäldern zwischen Meeresspiegel und über 2000 Metern Höhe beheimatet. Einer der Orte, an dem zahlreiche Überreste dieser Spezies gefunden wurden, sind die natürlichen Asphaltgruben von La Brea in Kalifornien, inmitten der US-Metropole Los Angeles. Diese Gruben wurden zur Todesfalle für zahlreiche Säugetiere, angefangen bei Wölfen über Mammuts bis hin zu Säbelzahntigern. Es gibt eigentlich nur einen Ort, an dem sich die echten Schattenwölfe nicht aufhielten, und dabei handelt es sich interessanterweise um den hohen Norden: Die nördlichsten Fossilien von *Canis dirus* sind in Kanada im Süden der Provinz Alberta gefunden worden, auf demselben Breitengrad, auf dem auch Deutschland liegt. Der wahre Herrscher des eisigen Alaska war vielmehr unser (gewöhnlicher) Wolf.

DER WINTER NAHT –
ABER WANN IST ER ENDLICH DA?

»Der Winter naht« ist vielleicht die Redensart, die man in *Game of Thrones* am häufigsten hört, insbesondere aus dem Munde der Starks, die uns ihr Familienmotto in Erinnerung rufen, wann immer sich die Gelegenheit bietet. Dieses geflügelte Wort verweist darauf, wie unvorhersehbar die Jahreszeiten in George R. R. Martins Welt sind, die von Fans der Serie *Planetos* getauft wurde. Wenn wir nicht genau wissen, wann härtere Zeiten anbrechen, müssen wir in jedem Moment darauf vorbereitet sein, meinen die Angehörigen des Hauses Stark: Die große Kälte könnte schon hinter der nächsten Ecke lauern. Zu Beginn der Geschichte, in den Büchern wie auch in der Serie, ist nämlich bereits seit zehn Jahren Sommer, wohingegen der Winter davor eine ganze Generation überdauert hatte. Trotz ihrer profunden Kenntnis der Welt können nicht einmal die Weisen von Westeros, die Maester der Zitadelle von Altsass, die Dauer einer einzelnen Jahreszeit vorhersagen.

Unsere irdische Wissenschaft kann uns jedoch den einen oder anderen Anhaltspunkt liefern, weshalb auf Planetos die Jahreszeiten nicht immer denselben Rhythmus haben wie auf der Erde. Bei uns folgen Frühling, Sommer, Herbst und Winter aus einem einfachen Grund in regelmäßigen Abständen aufeinander: Die Achse, auf der die Erde um sich selbst kreist, hat eine Neigung von etwa 23 Grad. Wäre diese gedachte Linie, die Nordpol und Südpol miteinander verbindet, genau senkrecht zur Umlaufbahn um die Sonne, gäbe es keinerlei Jahreszeiten. Stattdessen würde jeder Ort, abhängig von seinem Breitengrad, immer dieselbe Menge an Licht erhalten und das ganze Jahr lang dieselbe konstante Temperatur aufweisen. Eine geneigte Achse bringt dies jedoch durcheinander. Nehmen wir als Beispiel zwei Städte, die auf einem ähnlichen Breitengrad liegen, aber jeweils auf der anderen Halbkugel, also etwa Buenos Aires und Rom. In der Zeit zwischen Juni und September bekommt die italienische Hauptstadt mehr Licht ab als die argentinische, weil sie dank der Neigung der Rotationsachse länger von der Sonne erhellt wird (die Tage sind länger) und der Einfallswinkel der Sonnenstrahlen weniger flach ist. Tatsächlich herrscht, während Rom den Sommer genießt, zur gleichen Zeit in Buenos Aires Winter. Zwischen Dezember und März kann hingegen die Stadt am Rio de la Plata mehr Wärme verbuchen und sich dem Sommer hingeben, während in Italien der Winter einfällt.

Mithilfe dieser Informationen können wir versuchen, eine Lösung für die merkwürdigen Jahreszeiten auf Planetos zu finden: Der Planet von *Game of Thrones* könnte auf einer Achse rotieren, die sich sehr von der unseren unterscheidet. Aber worin genau? Der Uranus hat beispielsweise eine Rotationsachse, die beinahe parallel zur elliptischen Umlaufbahn steht, die er um die Sonne beschreibt: In den 84 Jahren, die er benötigt, um einmal um die Sonne zu kreisen, dauern die vier Jahreszeiten jeweils etwa 21 Jahre an. Daher herrscht am Südpol für 42 Jahre – am Stück! – Sommer, während zeitgleich am Nordpol Winter ist, und andersherum. Könnte ein solches Phänomen auch die launischen Jahreszeiten in Westeros erklären? Eher nicht, denn wenn eine solche Ursache dahintersteckte, wären die Maester der entsprechenden periodischen Wiederkehr, trotz ihrer langen Intervalle, von selbst auf die Schliche gekommen.

Ein weiterer Lösungsansatz schlägt eine instabile Rotationsachse vor, die demnach auf dem Weg um die Sonne schwankt. Andere Wissenschaftler bezeichnen das wiederum als unwahrscheinlich, da der Neigungswinkel viel länger brauchen würde als nur Jahrzehnte, um sich derart zu verändern: Die instabile Rotationsachse des Mars etwa benötigt Tausende von Jahren, bevor sie die Dauer der Jahreszeiten auf dem Planeten merklich beeinflusst. Auch die Erde hätte eine schwankende Achse, wie der Mars, wenn da nicht unser guter alter Mond wäre. Planetos steht ihr in dieser Hinsicht jedoch in nichts nach, wie man einer Legende aus *Game of Thrones* entnehmen kann: »Ein Händler aus Qarth erzählte mir, die Drachen kämen vom Mond. [...] Er sagte mir, der Mond sei ein Ei, Khalissi, dass es einst zwei Monde am Himmel gab. Doch der eine kam der Sonne zu nah und platzte wegen der Hitze. Und heraus kamen Tausende und Abertausende Drachen, und sie tranken das Feuer der Sonne.« Sollte sich hier, neben einer mythologischen Erklärung für den Feueratem der Drachen, womöglich eine Lösung verbergen? Nämlich eine Katastrophe wie die plötzliche Vernichtung eines Satelliten, die am Ende die Achse des Planeten instabil gemacht hat?

Sehen wir uns noch eine weitere Hypothese an, die mit der Rotation der Welt von *Game of Thrones* um ihre Sonne zu tun hat. Unsere Erde beschreibt keinen perfekten Kreis, sondern vielmehr eine (an den Polen etwas eingedrückte) Ellipse, bei der der Unterschied zwischen dem am weitesten von der Sonne entfernten Punkt (Aphel) und dem ihr am nächsten gelegenen Punkt (Perihel) minimal ist. In der Tat ist die Differenz derart gering, dass sie keinerlei anhaltenden Einfluss auf unser Klima ausübt: Das sieht man allein schon daran, dass die Erde im Januar der Sonne am nächsten ist und im Juli am weitesten von ihr entfernt. Sollte Planetos nun eine im Vergleich sehr »zerdrückte« Ellipse aufweisen, wäre die im Aphel erhaltene Wärme deutlich geringer, was auf der einen Halbkugel äußerst strenge Winter hervorrufen würde und höchstens lauwarme Sommer auf der anderen. Im Perihel wäre es genau andersherum, mit glühenden Sommern und eher schwachen Wintern. Nur würde es sich auch in diesem Fall um ein regelmäßiges und vorhersehbares Phänomen handeln.

Doch die Reise eines Planeten um seine Sonne ist natürlich noch weitaus komplexer. Hier kommt der serbische Mathematiker Milutin Milanković ins Spiel, der in den zwanziger Jahren des 20. Jahrhunderts eine Reihe von Faktoren nachweisen konnte, die auf das Klima der Erde Einfluss nehmen: Im Laufe von

Tausenden und Abertausenden von Jahren verändern sich einige dieser Merkmale, wie beispielsweise die Form der Umlaufbahn oder Neigung und Neigungsrichtung der Rotationsachse. Diese Veränderungen werden als *Milanković-Zyklen* bezeichnet und rufen etwa die Eiszeiten hervor, Perioden extremer Kälte, deren Spuren deutlich in unserer Geographie zu sehen sind. Planetos könnte demnach sehr kurze und komplexe Milanković-Zyklen aufweisen.

Lenken wir unseren Blick einmal weg von den Sonnensystemen und hin zu den Geschehnissen auf der Oberfläche des Planeten: Wir sollten nämlich auch berücksichtigen, welche Rolle Ozeane, Strömungen und Winde in Bezug auf das Klima spielen können. Man denke nur an den Golfstrom: Dank der warmen Wassermassen, die aus dem Golf von Mexiko bis nach Europa getragen werden, kommen wir in den Genuss viel sanfterer Jahreszeiten, als es in unseren Breitengraden üblich wäre (sollten diese Strömungen versiegen, was angesichts der aktuellen Klimaveränderungen eine begründete Sorge darstellt, würde auch in Europa der Stark'sche Winter nahen). Unter diesem Gesichtspunkt könnten die Sieben Königslande Einflüssen ausgesetzt sein, die wir uns nicht einmal ausmalen können, weil wir so wenig über die Geographie des Planeten wissen: Es könnte gewaltigere Ozeane geben, höhere Gebirgsketten und viel stärkere Strömungen und Winde.

Inmitten dieses Gewühls von Hypothesen fehlen eigentlich nur noch die Astrophysiker, die ihre eigene Vermutung ins Rennen schicken, um die phantastische Realität von *Game of Thrones* zu erklären. Eine Forschergruppe von der Johns Hopkins University hat auf der Website *arXiv.org* einen wissenschaftlichen Artikel veröffentlicht, in dem eine interessante These aufgestellt wird: Die Unvorhersehbarkeit der Jahreszeiten auf Planetos wäre demnach darauf zurückzuführen, dass er sich im Orbit um zwei, wenn nicht sogar drei verschiedene Sterne befindet. Aber selbst wenn die außergewöhnliche Abfolge von Winter und Sommer von einem oder mehreren der hier angeführten Faktoren verursacht wird, so hat das letzte Wort nach wie vor George R. R. Martin. Wir wissen eigentlich nur eines mit Sicherheit: Der Winter naht. Jon Schnee (Kit Harington), Tyrion Lennister (Peter Dinklage) und Daenerys Targaryen (Emilia Clarke) täten gut daran, sich warm anzuziehen.

DIE PHYSIK HINTER DER MAUER

Die *Mauer* ist das einzige Bollwerk, das die Sieben Königslande vor den Gefahren schützt, die im hohen Norden von Westeros lauern. Sie ist der Schatten, in dem die Krieger der Nachtwache Schutz suchen, jener Bruderschaft, in deren Reihen – neben Dieben, Mördern und Vergewaltigern – auch der Bastard Jon Schnee aufgenommen wurde. Es handelt sich um einen gewaltigen Wall aus Eis, mehr als 200 Meter hoch und über 90 Meter breit, der sich über eine Länge von fast 500 Kilometern vom östlichen Ende des Hauptkontinents in *Game of Thrones* an seinen westlichen Rand erstreckt – und in unserer Welt wäre es gänzlich unmöglich, ein solches Gebilde von Menschenhand zu errichten.

Das riesige gefrorene Bauwerk, die Grenze zum Land des ewigen Winters, ist dem Hadrianswall nachempfunden. Der römische Kaiser Hadrian ließ diese Grenzbefestigungsanlage im 2. Jahrhundert nach Christus zwischen der Provinz Britannien des Römischen Reiches und Caledonien, dem heutigen Schottland, errichten. Ihre Ausmaße waren etwas weniger beeindruckend: Bei einer Länge von 120 Kilometern erreichte der Wall eine Höhe von 4 bis 5 Metern und eine maximale Breite von etwa 3 Metern. Die Mauer aus *Game of Thrones* wäre also, kurz gesagt, so hoch wie 40 bis 50 Hadrianswälle übereinander. Martin erzählt, dass die Mauer rund 8000 Jahre vor den Geschehnissen in *Game of Thrones* errichtet wurde. Um dieses Wunder zu vollbringen, setzten die Bauherren Magie ein. Zum Glück gab es diese Zauberei in der Vergangenheit noch, denn ohne sie hätte die Schwerkraft die Oberhand gewonnen und die Mauer wäre zusammengebrochen. Selbst bei Temperaturen weit unter null haben Eismassen diesen Ausmaßes eine für solche Zwecke hinderliche Eigenschaft: Sie verformen sich aufgrund ihres eigenen Gewichts und bewegen sich mit der Zeit von der Stelle.

Die einzigen wirklichen Gebilde, die annähernd mit der Mauer verglichen werden könnten, hat die Natur ohne jede Hilfe errichtet, wie beispielsweise die massiven Gletscher. Sie sind über Jahrtausende entstanden, während derer Schnee auf der felsigen Oberfläche eines Gebirges niedergegangen ist, wo er sich langsam angesammelt und zunehmend verdichtet hat. Aber auch solch ein Eisriese ist alles andere als unbeweglich: In seinem tiefsten Inneren führt der Druck seiner eigenen gewaltigen Masse dazu, dass der Gletscher sich verformt und langsam in Richtung Tal »fließt«. Sollte außerdem die Temperatur nicht konstant unterhalb des Gefrierpunktes liegen, kann derselbe Druck auch dazu führen, dass die tiefsten Eisschichten schmelzen, was das Rutschen des Gletschers natürlich noch beschleunigt.

Wenden wir uns wieder der Mauer zu. Es ist gut vorstellbar, dass sie aus gewaltigen Eisblöcken errichtet wurde, die man zunächst zugeschnitten und anschließend wie herkömmliche Ziegelsteine aufeinandergestapelt hat. Wie im Falle der Gletscher verhält sich Eis jedoch auf lange Sicht wie ein Fluid. Die oberen Blöcke werden von der Schwerkraft nach unten gedrückt, während die darunterliegenden nach außen gepresst werden, weg von der Mitte der Mauer. Das lässt sich nur schwer aufhalten, es sei denn natürlich mit etwas Zauberei.

Für die Produzenten der Serie galt es folglich, das Dilemma zu lösen, wie – und vor allem wo – man die Szenen filmen sollte, in denen die Mauer zu sehen ist. Die Lösung fand man in Magheramorne, Nordirland, genauer gesagt in einem alten Steinbruch, in dem Kalk für die Zementherstellung abgebaut worden war.

Mithilfe von Computeranimation wurden die Wände des Steinbruchs mit Eis überzogen. Einige Teile wurden jedoch tatsächlich gebaut, wie der urige Aufzug, mit dem die Kämpfer der Nachtwache auf die Spitze der Mauer gebracht werden, oder eine Burg mit mehreren Räumen. Inzwischen wünscht sich das nordirische Städtchen, dass das Filmset nicht wieder abgebaut wird, da es natürlich einen touristischen Leckerbissen für Fans der Serie darstellen würde. Wer wäre nicht daran interessiert, mit eigenen Augen die Mauer in ihrer (fast) gesamten Pracht zu erblicken?

10 DINGE, DIE MAN ÜBER
GAME OF THRONES WISSEN SOLLTE

1.

Das Pferdeherz, das Daenerys essen muss, ist in Wahrheit ein riesiges Kaubonbon, ein Gummibärchen von gut anderthalb Kilo Gewicht. Leider, so die Schauspielerin Emilia Clarke, war der Geschmack alles andere als angenehm.

2.

Jon Schnee weiß wirklich gar nichts. Auch sein Darsteller bewies im echten Leben ausdauernde Ahnungslosigkeit. Kit Harington, der den Stark-Bastard verkörpert, hat erst mit elf Jahren herausgefunden, dass sein wirklicher Name Christopher lautet.

3.

Jede Folge der Serie kostet rund sechs Millionen Dollar. Das liegt – zumindest teilweise – daran, dass die Dreharbeiten in sieben Ländern auf drei Kontinenten stattfinden: in den Vereinigten Staaten, in Kroatien, in Marokko, auf Malta, in Nordirland, in Spanien und auf Island.

4.

Dothraki, die Sprache des Nomadenvolkes von Khal Drogo, ist eine künstliche Sprache, die eigens für die Serie entwickelt wurde. Sie umfasst derzeit etwa 4000 Wörter, und es gibt mehrere Online-Kurse, in denen sie erlernt werden kann.

5.

Für den Fall, dass er sterben sollte, bevor er die Arbeit an den Romanen abschließen kann, hat George R. R. Martin den Produzenten der Serie das geplante Ende des *Liedes von Eis und Feuer* offenbart.

6.

Peter Dinklage musste gar nicht erst vorsprechen: Die Produzenten und Martin hatten ihn von Anfang an für die Rolle des Tyrion Lennister vorgesehen. Da war es überhaupt nicht nötig, sich noch andere Darsteller anzusehen.

7.

2015 war *Game of Thrones* das vierte Mal in Folge die im Internet am häufigsten illegal verbreitete Serie des Jahres: 14,4 Millionen Downloads allein in der illegalen Tauschbörse *BitTorrent*.

8.

Nachdem die Serie angelaufen war, soll George R. R. Martin einen Brief an Jack Gleeson geschrieben haben, den Darsteller des Königssohns Joffrey Baratheon, in dem stand: »Herzlichen Glückwunsch zu deiner hervorragenden Darbietung – alle hassen dich.«

9.

Game of Thrones hat den englischen Ausdruck *sexposition* geprägt (in Anlehnung an Exposition). Er beschreibt die Offenbarung wichtiger Punkte der Handlung während an sich unnötiger Sex-Szenen.

10.

Wann immer man Tyrion Lennister genüsslich Fleisch verspeisen sieht, handelt es sich in Wirklichkeit um Tofu und dergleichen. Peter Dinklage ist nämlich nicht nur Vegetarier, sondern auch ein vehementer Verfechter des Tierschutzes.

DR. HOUSE

Erstausstrahlung: 2004 (USA) bzw. 2006 (Deutschland)
Staffeln: 8
Binge-Watch-Dauer: 5 Tage, 9 Stunden und 48 Minuten
Inhalt: Gregory House (Hugh Laurie) ist ein Arzt mit der besonderen Fähigkeit, seine Diagnosen auf der Grundlage sehr weniger Indizien stellen zu können. Zusammen mit seinem Team aus jungen Ärzten versucht er das Leben seiner Patienten zu retten, indem er seltsame bis unmögliche Fälle löst. Sein Zynismus und sein Menschenhass verprellen jedoch seine Mitmenschen: House ist abhängig von Schmerzmitteln und voller Wut auf die ganze Welt, seit er nach einer Fehldiagnose humpelnd am Stock geht.

Vergessen wir *Emergency Room* und all die anderen Arztserien, die sonst im Fernsehen laufen – *Dr. House* ist etwas ganz anderes. Eigentlich ist diese Sendung, in der der großartige Hugh Laurie die Hauptrolle spielt, praktisch ein Krimi, eine Art *CSI* auf den Fluren eines Krankenhauses: Wer ist der Täter, der den Patienten krank macht? Tatsächlich ist die Inspiration für David Shore, den Schöpfer der Serie, höchst literarisch. Die Ähnlichkeiten zwischen Gregory House und Sherlock Holmes sind nicht von der Hand zu weisen: Beide sind brillant im Schlussfolgern, beide spielen ein Musikinstrument, beide greifen gerne zu Drogen und beide sind wenig geneigt, uninteressante Fälle anzunehmen. Und wo der Detektiv aus der Feder Sir Arthur Conan Doyles seinen unersetzbaren Assistenten Dr. John Watson an seiner Seite hat, kann Dr. House sich auf einen Freund mit denselben Initialen verlassen: Dr. James Wilson (Robert Sean Leonard). Das sind gewiss nicht die einzigen Parallelen, denn auch die Nachnamen der Protagonisten Holmes und House lassen sich zueinander in Beziehung setzen (Holmes wird im Englischen ausgesprochen wie »Homes«, der Plural von dt. Haus, oder eben: House).

Die Idee, einen Detektiv in der Welt der Medizin anzusiedeln, stammt jedoch recht konkret aus der Kolumne *Diagnosis* des *New York Times Magazine*. Sie wird von Lisa Sanders betreut, einer Ärztin des Yale-New Haven Hospital, die jede Woche komplizierte klinische Fälle vorstellt. Im Grunde also genau das, womit House sich in jeder einzelnen Folge herumschlägt, weshalb Lisa Sanders zu einer handfesten Beraterin für die Serie geworden war und half, ihr jenen Anstrich von Wissenschaftlichkeit zu verleihen, der *Dr. House* vielleicht nicht perfekt macht, aber doch ziemlich realistisch.

DIE JAGD NACH DEM ZEBRA

Hört man hinter sich das Getrappel von Hufen, geht man besser von herannahenden Pferden aus und nicht von Zebras – dieser Aphorismus wird Dr. Theodore Woodward zugeschrieben, einem Dozenten an der medizinischen Fakultät der University of Maryland. In den vierziger Jahren des 20. Jahrhunderts soll er damit seinen Studenten verdeutlicht haben, dass sie bei der Patientendiagnostik auch immer das Konzept von Wahrscheinlichkeit im Hinterkopf behalten müssen. In der Medizin bezeichnet ein *Zebra* einen außergewöhnlichen Fall, der nur sehr selten auftritt und die Alltagsroutine stört. Zumindest wenn man nicht gerade Dr. House ist, dessen ganzes Leben aus galoppierenden Zebras besteht (weshalb der vorläufige Titel der Serie auch *Chasing Zebras* lautete: »Auf der Jagd nach Zebras«).

Für einen Patienten ist es nie gut, ein Zebra zu sein, weil die Lösung seines Problems höchstwahrscheinlich eine endlose Zahl von Untersuchungen bei den unterschiedlichsten Ärzten erfordert und mit vielen Fehldiagnosen einhergeht. Steht ein Arzt noch am Anfang seiner Karriere, neigt er andererseits viel eher dazu, die auftretenden Symptome (fälschlich?) mit einer seltenen Krankheit in Verbindung zu bringen: Schließlich handelt es sich dabei um spektakuläre Erkrankungen, an die man sich in der Regel ohne große Schwierigkeit aus den Vorlesungen und Lehrbüchern erinnert, gerade weil sie so faszinierend und merkwürdig sind. Diese Tendenz sollte man stets im Hinterkopf behalten. John »Dr. Zebra« Sotos, der ein weiterer Berater für die Serie war und selbst Arzt an der University of North Carolina ist, bringt gern folgendes Beispiel: Auch wenn Malaria Fieber und Schüttelfrost auslöst, wäre es widersinnig, sie für die Ursache dieser Symptome bei einem Patienten zu halten, der in den Vereinigten Staaten lebt, wo eine Grippe mit viel höherer Wahrscheinlichkeit infrage kommt. Dennoch sollten bei jeder Diagnose auch die Zebras berücksichtigt und anhand der weiteren Untersuchungen des Patienten ausgeschlossen werden. Aus diesem Grund hat Sotos ein Buch mit einer Reihe von »Zebra Cards« veröffentlicht. Es handelt sich dabei um 200 Kärtchen, die folgendermaßen aufgebaut sind: Auf der einen Seite findet man das Symptom (zum Beispiel: »Weibliche Patientin, starke Kopfschmerzen nach dem Verzehr von Fleisch«), auf der Rückseite die damit verbundene »Zebra-Diagnose«, inklusive Erläuterungen und weiterführender Verweise (»Ornithin-Transcarbamylase-Defizit«, also ein Mangel eines bestimmten Enzyms).

Wie unwahrscheinlich sind seltene Krankheiten eigentlich wirklich? Um darauf eine Antwort zu geben, muss man in die Epidemiologie eintauchen (von der wir schon in Kapitel 1 sprachen) und sich mit den Konzepten *Prävalenz* und *Inzidenz* beschäftigen: Prävalenz bezeichnet dabei die Anzahl der Krankheitsfälle in einer bestimmten Gruppe von Menschen zu einem bestimmten Zeitpunkt; die Inzidenz trifft Aussagen darüber, wie viele Neuerkrankungen in einer bestimmten Gruppe von Menschen über einen bestimmten Zeitraum auftreten. Kurz gesagt schießt die Prävalenz sozusagen ein Foto von einer Krankheit, während die Inzidenz einen Film darüber macht, wie viele Fälle innerhalb einer Zeitspanne auftreten. Um zu den seltenen Krankheiten gezählt zu werden, darf ein Krankheitsbild in Europa einen Schwellenwert von 0,05 Prozent der Bevölkerung nicht überschreiten. Das entspricht 5 Fällen auf 10 000 Personen (in den Vereinigten Staaten liegt er mit 0,08 Prozent etwas höher). Insgesamt wird die Anzahl seltener Krankheiten auf 7000 bis 8000 geschätzt, wobei mit den Fortschritten in der Forschung diese Zahl ständig steigt. Dazu zählen die unterschiedlichsten Leiden: Von *Narkolepsie* (0,01–0,05 %) bis zur *chronisch juvenilen amyotrophen Lateralsklerose* (ALS, 0,0001 %), von der *Dyskeratosis congenita* (0,0009–0,0001 %) bis zur *Chorea Huntington* (0,009–0,001 %).

Wie auch die verschiedenen Ärzte, die im Lauf der Zeit Teil des Teams von Dr. House waren, rasch gelernt haben, reicht es jedoch nicht immer, zu wissen, wie wahrscheinlich eine Krankheit ist, um sie korrekt zu diagnostizieren. In der Serie haben sie es nämlich oft mit derart komplexen Symptomen zu tun, dass sie nicht ohne weiteres auf eine bestimmte Krankheit inmitten von Tausenden Möglichkeiten zurückgeführt werden können. Einer dieser Fälle taucht beispielsweise in der zweiten Folge der ersten Staffel auf: ein Sechzehnjähriger, der auf einmal alles doppelt sieht und im Wachzustand myoklonische Zuckungen aufweist (das sind unwillkürliche Bewegungen, wie wir sie manchmal beim Einschlafen erleben). Nach einigem Hin und Her und mehreren Fehldiagnosen finden die Ärzte heraus, dass der Junge adoptiert wurde – eine Information, die die Eltern verschwiegen hatten. Daraus schließt House, dass der junge Mann, noch bevor er geimpft wurde, von seiner leiblichen Mutter das Masern-Virus übertragen bekommen hatte. Anschließend mutierte es und konnte bis zu diesem Zeitpunkt ruhend im Gehirn überdauern, bis es dann doch eine seltene Entzündung namens *subakute sklerosierende Panencephalitis* verursachte.

Um die jeweilige Erkrankung korrekt identifizieren zu können (und damit auch die richtige Behandlung), verfolgt das Team um House im Grunde immer dieselbe Strategie: Die Symptome des Patienten werden auf einer Tafel notiert, und jeder einzelne der Ärzte schlägt eine Diagnose vor, die, sofern sie nicht direkt widerlegt werden kann, mithilfe von Untersuchungen und Tests überprüft wird. Diese Szene wiederholt sich jedes Mal, wenn sich der Zustand des Patienten verschlimmert oder er neue Symptome aufweist, bis schließlich eine Erleuchtung die Lösung bringt. (Häufig hat House höchstpersönlich einen Geistesblitz, manchmal wird dieser jedoch durch einen unbeabsichtigten Tipp seines Freundes Wilson ausgelöst.) Jeder Arzt kennt diesen Prozess, den man *Differenzialdiagnose* nennt: Ausgehend von einer Anzahl von Merkmalen und Symptomen werden zunächst die unwahrscheinlichsten Krankheiten ausgeschlossen, bevor man versucht, die Liste noch weiter einzuengen, indem man anhand zusätzlicher Tests und Analysen mögliche Diagnosen eliminiert. Am Ende erschließt sich dann, welche Krankheit (oder welche Krankheiten) die Beschwerden am ehesten ausgelöst hat.

In der Regel wird die Differenzialdiagnose durchlaufen, wenn sich Arzt und Patient erstmalig begegnen (ein Treffen, das House um jeden Preis zu vermeiden versucht). Bereits in diesem Moment erfasst der behandelnde Arzt entscheidende Informationen, um dem Rätsel auf die Spur zu kommen: Ob die Person alleine eingetroffen ist oder begleitet wurde, ob sie selbst gehen kann oder im Rollstuhl sitzt – all das kann bereits Hinweise darauf geben, welche Beschwerden sie in die Arztpraxis oder die Notaufnahme geführt haben. Bei der sogenannten *Anamnese* (griech. für »Erinnerung«) sind die Worte des Patienten von besonderer Bedeutung. Der Arzt erkundigt sich nicht nur danach, wann die Beschwerden das erste Mal aufgetreten sind und unter welchen Umständen, sondern auch nach der persönlichen Krankengeschichte des Patienten und seiner Angehörigen. So verschafft der Arzt sich einen globaleren Überblick, in dem auch eventuelle genetische Dispositionen oder Anfälligkeiten berücksichtigt werden können. Ist die Anamnese abgeschlossen und eine Liste mit Symptomen und Beschwerden erstellt, wird zu der sogenannten *körperlichen Untersuchung* übergegangen: Der Arzt untersucht den Patienten von Kopf bis Fuß, wobei er besonders Bereiche in Augenschein nimmt, die mit der Erkrankung zusammenhängen könnten. Dabei hält er Ausschau nach Bestätigungen oder Widerlegungen seiner eigenen Hypothesen und betreibt somit bereits eine Differenzialdiagnose. Am Ende des Arztbesuchs wird entweder eine Diagnose gestellt, oder der Arzt ordnet weitere Untersuchungen an, um genauer zwischen möglichen Krankheiten mit ähnlichen Symptomen unterscheiden zu können. Dabei kann es sich beispielsweise um eine Computertomographie, eine Blutuntersuchung, eine Spirometrie oder eine Endoskopie handeln.

Wer das für einen einfachen Vorgang hält, sollte sich klarmachen, dass ein Fehler bei der Diagnose – in besonders schwerwiegenden Fällen – den Patienten das Leben kosten kann. Davon kann auch House ein Lied singen: Er hat in insgesamt 177 Folgen der Serie sechs Patienten aufgrund von falschen oder zu spät erfolgten Diagnosen verloren. 2013 veröffentlichte das *British Medical Journal Quality & Safety* eine Studie, der zufolge die Daten, die uns vorliegen, keine genauen Aussagen darüber zulassen, wie oft Ärzte Fehldiagnosen stellen: Untersuchungen zu Autopsien in den Vereinigten Staaten sprechen von 10 bis 20 Prozent der Fälle, wohingegen eine andere Studie bei 1000 Todesfällen etwa 5 Prozent Fehldiagnosen festgestellt hat. Selbst wenn wir dieser letzten (optimistischen) Ziffer unser Vertrauen schenken, würde das bedeuten, dass jedes Jahr rund 12 Millionen US-Amerikaner falsch diagnostiziert werden. Und in der Hälfte dieser Fälle handelt es sich obendrein um potenziell gefährliche Irrtümer.

Weshalb vertun sich Ärzte denn dabei, bestimmte Symptome einer bestimmten Krankheit zuzuordnen? Einige Studien, die natürlich Fälle von ärztlicher Inkompetenz unberücksichtigt lassen, haben erwiesen, dass es der Entscheidungsprozess an sich ist, der »trügerisch« sein kann. Manchmal laufen Ärzte nämlich Gefahr, sich auf das zu verlassen, was die Kognitionspsychologie *Heuristiken* nennt: mentale Abkürzungen, die es uns ermöglichen, schneller zu einer Lösung zu gelangen – die aber auch falsch sein kann. Ein Beispiel: Hat ein Arzt einen Patienten vor sich, der über starke Schmerzen in der Brust klagt, kann er instinktiv davon ausgehen, dass es sich um eine Gastritis handeln könnte, weil eine solche im Allgemeinen häufig auftritt und er in seiner persönlichen Laufbahn vielen solcher Fälle begegnet ist (*Verfügbarkeitsheuristik*). In Wahrheit könnte es sich aber auch um einen viel gefährlicheren Infarkt handeln. Genauso gut jedoch könnte der Arzt sich zu sehr auf den ersten Eindruck von den Symptomen eines Patienten verlassen und unbewusst weitere Hinweise abtun, die auf einen Fehler in der Hypothese hinweisen würden (*Anker-*

heuristik). Schließlich sind auch Ärzte nur Menschen – und selbst dem großen House sind bisweilen solche Fehler unterlaufen.

WELCHE KRANKHEITEN SIND BESONDERS SCHWER ZU DIAGNOSTIZIEREN?

»Es ist Lupus.« Wie oft ist dieser Satz bei *Dr. House* schon gefallen? Mindestens so oft wie die unausweichliche Antwort: »Es ist nicht Lupus«, oder sogar: »Es ist nie Lupus.« Das geschieht immer dann, wenn das Team der Serie in eine Sackgasse gerät und nicht die korrekte Diagnose findet. Also wirft jemand eine der am schwierigsten zu erkennenden Krankheiten in den Raum – *systemischer Lupus erythematodes* –, die tatsächlich nur ein einziges Mal in der Serie vorkommt.

Was ist dieser Lupus? Und weshalb ist er so schwer zu diagnostizieren? Es handelt sich um eine Autoimmunerkrankung, von der man nicht geheilt werden kann (wenngleich es möglich ist, sie in Schach zu halten). Das Immunsystem, die erste Verteidigungslinie gegen Viren, Bakterien und andere externe Erreger, greift dabei bestimmte Teile des eigenen Körpers an. Bei Lupus attackieren unsere Abwehrkräfte Zellen und Gewebe, was eine generalisierte, also nicht lokal eingegrenzte Entzündung hervorrufen kann. Diese befällt dann möglicherweise das Herz, die Haut, die Lunge, die Blutgefäße, die Nieren und das Nervensystem. Die genaue Ursache für diese Erkrankung ist noch unbekannt, aber die am ehesten anerkannten Theorien gehen von einem Retrovirus aus. Die frühen Symptome sind so vage, dass sie dem diagnostizierenden Arzt die Arbeit sehr erschweren: Müdigkeit und Abgeschlagenheit, Schmerzen an verschiedenen Stellen des Körpers, kognitive Ausfallerscheinungen. Ihren Namen hat die Krankheit von einem charakteristischen Fleck, der sich recht häufig auf dem Gesicht von Lupus-Patienten bildet: Eine Hautreizung (Erythem) auf den Wangen und dem Nasenrücken, die gewisse Ähnlichkeit mit der Maserung an der Schnauze eines Wolfs hat (eine andere Meinung besagt, dass vielmehr die Narben, die diese Krankheit hinterlässt, an einen Wolfsbiss oder Krallenspuren erinnern). In den Fällen, in denen der Patient dieses Merkmal nicht aufweist, kann eine korrekte Diagnose Jahre dauern.

Es gibt aber außer Lupus auch noch einige andere Krankheiten, die Ärzte nur mit Mühe erkennen können. Dank vieler Kampagnen, die auf das Thema und die dringend benötigte Forschung aufmerksam gemacht haben, ist eine davon sehr bekannt: *multiple Sklerose*. Auch hierbei handelt es sich um eine Autoimmunerkrankung: Die T-Lymphozyten greifen das Myelin an – eine Art Schutzschicht, die bestimmte Neuronen des zentralen Nervensystems umgibt –, wodurch dieses in bestimmten Bereichen beschädigt wird. In manchen Fällen ist der Verlauf der Krankheit langsam und kontinuierlich, in anderen macht sie sich schubweise bemerkbar, mit langen Remissionsphasen (in denen die Symptome nachlassen oder ganz verschwinden). Diese Krankheit, deren Ursache ebenfalls noch nicht eindeutig geklärt werden konnte, ist schwierig zu erkennen, weil sich die Symptome leicht mit anderen neurologischen Beschwerden verwechseln lassen, wie etwa Muskelschwäche, Sehstörungen und Abgeschlagenheit. Es gibt kein Heilmittel, aber mithilfe von Medikamenten kann das Fortschreiten verlangsamt werden.

Eine weitere Krankheit mit besonders schwieriger Diagnose ist die *Lyme-Krankheit* oder *Lyme-Borreliose*. In diesem Fall rührt die Komplexität von der Vielzahl an Symptomen her, die sie hervorrufen kann; und darüber hinaus haben die Symptome große Ähnlichkeit mit denen einer Erkältung oder von Gelenkschmerzen, oder sogar mit denen der multiplen Sklerose: Fieber, Kopfschmerzen, Vergrößerung der Lymphknoten. Immerhin ist ihre Ursache wohlbekannt, denn es handelt sich um eine Infektion, die von *Borrelia burgdorferi* hervorgerufen wird, einem Bakterium, das von Zecken (wie dem Gemeinen Holzbock, *Ixodes ricinus*) übertragen wird. Diese kleinen Biester hängen sich Nagetieren, Damwild oder Hunden in den Pelz und saugen sich auch gerne am Menschen fest. Es muss jedoch nicht jeder Zeckenbiss gleich eine Ansteckung mit Lyme-Borreliose bedeuten. Eines der möglichen Symptome ist das *Erythema migrans*, auch Wanderröte genannt, eine zielscheibenförmige rote Hautreizung. Wird die Borreliose nicht rechtzeitig erkannt und behandelt, kann sie schwerwiegende Schäden des Nervensystems und der Gelenke verursachen. Die gute Nachricht ist jedoch, dass sie mit ganz normalen Antibiotika geheilt werden kann.

Auch die *myalgische Enzephalomyelitis*, besser bekannt als *chronisches Erschöpfungssyndrom*, ist sehr schwer festzustellen: Es gibt keine offiziellen diagnostischen Tests, und auch die Ursachen konnten bisher nicht offengelegt werden. Da Müdigkeit ein Symptom für zahlreiche Beschwerden ist, muss häufig erst einmal eine lange Reihe anderer Krankheiten ausgeschlossen werden, bevor man zur richtigen Diagnose gelangt. Myalgische Enzephalomyelitis wird (vermutlich) von einer konstanten Aktivierung des Immunsystems hervorgerufen, so als hätte man eine langanhaltende Grippe. Im Allgemeinen gibt es neben der Müdigkeit noch mindestens sechs weitere Symptome, die auf dieses Syndrom hinweisen: Kopfschmerzen, Gedächtnisstörungen, Muskelschmerzen, Halsschmerzen, nicht erholsamer Schlaf, schmerzende Lymphknoten. Bezüglich der Ursachen tappt man noch immer im Dunkeln. Die einen sprechen von bakterieller Infektion, die anderen von Autoimmunerkrankung und wieder andere von Viren oder Spätfolgen schwerwiegender psychischer Probleme.

Gerade weil diese Krankheitsbilder nur sehr schwer auszumachen sind, wird die Forschung in dieser Richtung vorangetrieben. Man sucht ständig nach neuen Hilfsmitteln, die in den Händen von Ärzten wie Dr. House zuverlässige Diagnosen ermöglichen.

LÜGEN ALLE PATIENTEN?

Wenig Geduld mit Patienten, minimale soziale Interaktionen, ein Hang zu chronischen Unwahrheiten und ein ethisch mehr als fragwürdiges Verhalten: So könnte man Dr. Gregory House charakterisieren, Spezialist für Nephrologie und Infektionskrankheiten und außerdem Leiter der Abteilung für diagnostische Medizin des Princeton-Plainsboro Teaching Hospital in New Jersey. Sein Motto ist das berühmte »Jeder Mensch lügt« (»Everybody lies«). Vor allem lügen Patienten, meint zumindest der mürrische Arzt, weswegen er es für nutzlos hält, mit ihnen zu sprechen:

Dr. Foreman: »Sollten wir nicht mit der Patientin sprechen, bevor wir eine Diagnose erstellen?«

Dr. House: »Ist sie Ärztin?«

Dr. Foreman: »Nein, aber …«

Dr. House: »Jeder Mensch lügt.« […]

Dr. Foreman: »Sind wir nicht Ärzte geworden, um Patienten zu behandeln?«

Dr. House: »Nein, um Krankheiten zu behandeln. Das Behandeln von Patienten vermiest den meisten Ärzten auf der Welt das Leben. […] Wenn wir nicht mit ihnen sprechen, können sie uns nicht anlügen.«

Dieser kleine Schlagabtausch ereignet sich in der allerersten Episode der Serie, zwischen House und einem der jungen Ärzte in seinem Team. Und er ist gewissermaßen ein Konzentrat seiner Philosophie bezüglich des Verhältnisses zwischen Arzt und Patient: Seiner Meinung nach ist es nicht Aufgabe des Arztes, den Patienten zu heilen, sondern vielmehr die Krankheit. Die Person an sich ist in diesem Versuchsaufbau also eher eine Hürde als ein Verbündeter.

Nichts könnte weiter von der Einstellung eines Begründers der modernen Medizin entfernt sein: Es geht um Sir William Osler, den wir auch den »Anti-House« nennen könnten. Der 1849 in Kanada geborene Arzt war nicht nur der Auffassung, Medizin lerne man viel eher am Krankenbett als im Hörsaal, sondern er bläute seinen Studenten auch immer wieder ein, sie müssten nur dem Patienten genau zuhören, denn er verrate ihnen die Diagnose. Außerdem ermahnte er seine Schützlinge, nicht mit einem finsteren Gesichtsausdruck zwischen den Kranken umherzugehen. Noch eine Lektion, die House nicht verinnerlicht hat.

Unser hinkender Arzt liegt aber auch nicht völlig falsch: Menschen neigen in der Tat dazu, zu lügen, auch beim Arztbesuch, was es dem Behandelnden erschweren kann, die richtige Diagnose zu stellen. Die häufigsten Lügen betreffen Ernährung und Sport, die Einhaltung einer bestimmten Therapievorgabe (wie die regelmäßige Medikamenteneinnahme) oder schlicht das eigene Liebesleben. Manche Patienten spielen ihre Symptome herunter, um eine unerfreuliche Diagnose oder die Einweisung ins Krankenhaus zu vermeiden. Andere hingegen übertreiben, um sich krankschreiben zu lassen oder an das Rezept für ein bestimmtes Medikament zu gelangen. Eine Studie, die 2014 in *Health Education & Behavior* veröffentlicht wurde, betonte beispielsweise, dass 13 Prozent der Raucher sowie 6 Prozent der ehemaligen Raucher in der Testgruppe ihrem Arzt nichts von ihrem Nikotinkonsum erzählt hätten, nur um nicht in eine bestimmte Schublade gesteckt zu werden.

2009 wurde eine Umfrage in der Cleveland Clinic und beim Ochsner Healthcare System gestartet, bei der etwa 2000 Patienten und 1200 Ärzte, Schwestern und Pfleger befragt wurden. Hierbei kam heraus, dass 28 Prozent der Patienten dem Arzt nicht die Wahrheit gesagt hatten, während das Pflegepersonal der Meinung war, diese Ziffer sei bedeutend höher: Etwa ein Drittel der Ärzte und Schwestern meinte, mehr als die Hälfte der Patienten hätte sie angelogen. Das verdeutlicht zumindest, wie wenig Vertrauen die Behandelnden in ihre Patienten haben.

Genauso gut können jedoch die Ärzte bei der Diagnose lügen. Es ist womöglich nicht ganz leicht, einer Person zu sagen, dass sie an Schizophrenie leidet, weshalb der Arzt es bevorzugen könnte, von einer allgemeineren Störung zu sprechen, ohne exakt das mit sehr negativen Assoziationen behaftete Wort zu verwenden. *Health Affairs* hat 2012 eine Studie veröffentlicht, der zufolge rund 10 Prozent von insgesamt 1800 Krankenhausärzten im Vorjahr ihren Patienten etwas Falsches erzählt hätten. In den meisten Fällen hätten sie demnach eine Prognose – also den wahrscheinlichen Ausgang der Krankheit – positiver dargestellt, als sie wirklich war. Etwa 20 Prozent sollen zugegeben haben, einen begangenen Fehler nicht in seiner Gänze offengelegt zu haben, aus Furcht vor juristischen Konsequenzen.

Wir alle wissen, dass in der Welt der TV-Serien das Verhältnis zwischen Arzt und Patient anderen Regeln folgt als in der Realität. Würden wir Dr. House persönlich fragen, ob er sich für einen guten Arzt hält, obwohl er absolut nichts mit seinen Patienten zu tun haben will, würde er wohl so antworten:

»Was wäre Ihnen lieber: Ein Arzt, der Ihnen die Hand hält, während Sie sterben, oder einer, der Sie ignoriert, während Sie gesund werden? – Ganz besonders ätzend wäre natürlich ein Arzt, der Sie ignoriert, während Sie sterben.«

10 DINGE, DIE MAN
ÜBER *DR. HOUSE* WISSEN SOLLTE

1.

Einer der Produzenten (und in einer Folge auch Darsteller) der Serie ist Bryan Singer, der berühmte Regisseur von *Die üblichen Verdächtigen* und einiger Filme aus der *X-Men*-Saga.

2.

Der Darsteller von Dr. House, Hugh Laurie, ist eigentlich Brite, aber sein perfekter US-amerikanischer Akzent hat beim Vorsprechen für die Rolle selbst die Produzenten erfolgreich getäuscht.

3.

Wenngleich Dr. Chase (gespielt von Jesse Spencer) von seinen Kollegen oft beschuldigt wird, oberflächlich zu sein, ist er dennoch – von House einmal abgesehen – der Arzt mit den meisten korrekten Diagnosen in der ganzen Serie.

4.

Der Kreis schließt sich: Bei der Erfindung von Sherlock Holmes, an den die Figur Gregory House angelehnt ist, hatte sich der Schöpfer des Detektivs, Sir Arthur Conan Doyle, von einem Arzt inspirieren lassen, der ein Experte für Diagnosen war: Dr. Joseph Bell.

5.

Das Video, mit dem Hugh Laurie sich auf die Rolle beworben hat, soll er im Bad seines Hotelzimmers in Nigeria aufgenommen haben, wo er gerade an den Aufnahmen von *Der Flug des Phoenix* mitwirkte. Seiner Aussage zufolge war das Licht im Bad am besten.

6.

Sein berühmter Leitsatz »Jeder Mensch lügt« bzw. »Everybody lies« – der in fast jeder Folge vorkommt – wurde in Wahrheit das erste Mal schon 2001 im Fernsehen benutzt. Und zwar in der erfolgreichen Ärzte-Sitcom *Scrubs – Die Anfänger*.

7.

2011 wurde Hugh Laurie ins Guinness-Buch der Rekorde als meistgesehener Hauptdarsteller einer Fernsehsendung aufgenommen. Er war darüber hinaus auch einer der am besten bezahlten: Sein Honorar betrug etwa 409 000 Dollar pro Folge.

8.

Robert Sean Leonard, der Dr. James Wilson spielt, hat auch in *Der Club der toten Dichter* mitgewirkt. Dort verkörperte er einen Schüler, der von seinem Vater gezwungen wurde, Arzt zu werden, während er selbst viel lieber Schauspieler werden wollte.

9.

Hugh Laurie ist nicht nur Schauspieler, Comedian, Regisseur und Produzent, sondern auch ein begnadeter Musiker: Er singt und spielt Klavier, Gitarre, Schlagzeug, Mundharmonika und Saxophon. Am liebsten spielt er Jazz.

10.

Die Schauspieler Jesse Spencer und Jennifer Morrison waren tatsächlich ein Paar, wie auch die von ihnen dargestellten Ärzte Robert Chase und Allison Cameron. Nach drei Jahren Beziehung und einer Verlobung haben sie sich 2007 getrennt.

FRINGE

Erstausstrahlung: 2008 (USA) bzw. 2009 (Deutschland)
Staffeln: 5
Binge-Watch-Dauer: 2 Tage und 22 Stunden
Inhalt: Die FBI-Agentin Olivia Dunham (Anna Torv)
ermittelt gemeinsam mit dem durchgeknallten Wissenschaftler Walter Bishop (John Noble) und dessen Sohn
Peter (Joshua Jackson) in der sogenannten Fringe-Abtei-
lung des FBI. Sie widmen sich außergewöhnlichen Fällen,
die sich mit Methoden der herkömmlichen Wissenschaft
nicht erklären lassen. Diese merkwürdigen Phänomene
werden von einem Paralleluniversum verursacht, das
unsere Realität beeinflusst. Und hinter diesem Zusammenstoß mit einer alternativen Erde – oder sogar mehreren? – verbirgt sich ein Geheimnis, das nur Dr. Bishop
enthüllen kann und das sowohl Peter als auch Olivia
betrifft. Telekinese, Vorahnungen, Gestaltwandler,
Cyborgs, tödliche Viren und drohende Katastrophen sind
an der Tagesordnung.

Eine Serie wie *Akte X*, nur mit tausendmal mehr X – nichts Geringeres schien *Fringe – Grenzfälle des FBI* bei seinem Fernsehdebüt 2008 zu versprechen. Der Verstand von J. J. Abrams (dem wir schon *Lost* und die Relaunches von *Star Trek* und *Star Wars* auf der großen Leinwand zu verdanken haben), von Alex Kurtzman und Roberto Orci hat die unerklärliche Wissenschaft wieder in unsere Wohnzimmer gebracht. Die ersten Folgen griffen noch die Formel des »Monsters der Woche« auf, die für *Akte X* der Schlüssel zum Erfolg gewesen war, doch mit jeder Staffel zeichnete sich zunehmend ein größerer Rahmen ab, der sich großzügig am Thema der Paralleluniversen bedient. So sehen sich die Protagonisten von *Fringe* tatsächlich mit einer zweiten Erde konfrontiert, die in vielerlei Hinsicht der unseren ähnlich und doch sehr anders ist. Eine Parallelwelt, in der sie sich selbst begegnen und darüber staunen können, welche anderen Leben ihnen noch möglich gewesen wären.

Die *fringe science*, also die Grenzwissenschaft, auch Parawissenschaft genannt, der sich Dr. Bishop verschrieben hat, kann all diese seltsamen Phänomene mühelos erfassen, aber auch die echte Wissenschaft hat durchaus das eine oder andere zu Parallelwelten zu sagen.

WIE VIELE PARALLELUNIVERSEN GIBT ES?

Denken wir einmal an die beiden Versionen des Walter Bishop: Einerseits gibt es den genialen Wissenschaftler, dessen Verstand etwas durcheinandergeraten ist, der zu allem fähig scheint, emotional aber extrem schutzlos und verwundbar ist; andererseits ist da Walternativ (engl. Walternate von *alternate*, wie in »alternate universe«, Paralleluniversum), der erbarmungslose Verteidigungsminister der Vereinigten Staaten, im Vollbesitz seiner geistigen und sonstigen Kräfte. Ein und dieselbe Person und doch grundverschieden. Gibt es da draußen, irgendwo im *Multiversum*, der Gesamtheit aller Parallelwelten, eine Version von uns, die in diesem Augenblick nicht in diesen Seiten blättert, sondern sich an Bord der Internationalen Raumstation befindet? Oder eine, die keine Zeit hatte, das Buch zu kaufen, weil sie alle Hände voll damit zu tun hat, Bundeskanzler zu sein? Solche Fragen entlocken uns vielleicht ein Schmunzeln, aber viele Wissenschaftler haben sich das Hirn zermartert, um Antworten darauf zu finden.

Einer von ihnen ist Max Tegmark, Forscher am renommierten Massachusetts Institute of Technology, besser bekannt als MIT. In seinem Buch *Unser mathematisches Universum* (2015) stellt er die These auf, dass es sogar vier verschiedene Ebenen von Paralleluniversen gibt. Wir fangen aber besser ganz vorne an, nämlich bei jener großen Ausdehnung, die sich vor rund 13,8 Milliarden Jahren ereignet hat und die wir üblicherweise den Urknall oder *Big Bang* nennen. Alles, was wir noch heute mithilfe des Lichts sehen können, verdanken wir der großen Distanz, die das Licht in der Zeitspanne seit dem Urknall hat zurücklegen können, mit einer konstanten Geschwindigkeit von rund 300 000 Kilometern pro Sekunde. Basierend auf der Lichtgeschwindigkeit und der Ausdehnung des Universums lässt sich daher ein Volumen ausrechnen, an dessen Rändern sich der am weitesten entfernte Punkt befindet, den ein Beobachter tatsächlich sehen kann. Diese riesige »Kugel« schließt alles ein, was wir erfahren können. Kurz: Sie beinhaltet unsere gesamte Realität, das *beobachtbare Universum*, das mit der Zeit immer größer wird, Lichtjahr um Lichtjahr.

Was lässt sich also über all den Weltraum sagen, den wir (bislang) nicht wahrnehmen können? Hier kommt uns die *Theorie der kosmischen Inflation* entgegen. Sie sieht für die Zeit unmittelbar nach dem Urknall eine Phase extrem schneller Ausdehnung vor, auf die eine Phase langsamerer Ausdehnung folgte (mehr dazu in Kapitel 13). Das hätte zur Folge, dass die im Universum vorhandene Materie – zumindest im großen Maßstab – gleichmäßig verteilt würde, und zwar, den jüngsten Beobachtungen entsprechend, in einem unendlichen Raum. Das bedeutet, dass auch die Möglichkeiten außerhalb unseres beobachtbaren Universums unendlich wären: Selbst die absurdesten und unwahrscheinlichsten Ereignisse müssten irgendwo geschehen, in einem sehr weit von uns entfernten Bereich. In dieser parallelen Wirklichkeit, einem *Multiversum der ersten Ebene*, würden demnach dieselben physikalischen Gesetze herrschen wie bei uns, wahrscheinlich aber mit unterschiedlichen Ausgangssituationen. In einem der Universen da draußen könnte es beispielsweise einen Walter Bishop geben, der sich nie mit dem Namen seiner Assistentin Astrid vertut.

Das ist aber nur der Anfang, denn die Theorie von der Inflation, also die extreme und extrem schnelle Ausdehnung des Raums, führt uns direkt zum *Multiversum der zweiten Ebene.* Aus welchem Grund hat eine Region des Weltraums auf einmal begonnen, sich auszudehnen wie eine Seifenblase? Bei dieser Frage hilft uns Andrei Linde von der Stanford University, oder, besser gesagt, seine *Theorie der chaotischen Inflation.* Sie besagt, dass das Universum in seinem Anfangsstadium vollkommen ungeordnet war, und die Quantenfluktuationen – temporäre Energieschwankungen in einem Bereich des Weltraums – nicht nur subatomare Teilchen beeinflussten, sondern auch die Struktur von Zeit und Raum. Es ist gut vorstellbar, dass in diesem brodelnden Kessel von Aktivität im Quantenbereich Energiezustände entstanden sein könnten, die die kosmische Inflation hervorgerufen haben (zumindest von einem probabilistischen Standpunkt aus, das heißt, wenn man davon ausgeht, dass es keine absoluten Wahrheiten, sondern nur bestimmte Wahrscheinlichkeiten gibt).

Diese inflationistische Sicht verlängert den Prozess jedoch ins Unendliche: In unserem eigenen Universum würden demnach nämlich weiterhin zufällige Fluktuationen im Quantenschaum auftreten, aus denen früher oder später weitere Blasen entstehen würden, die sich ausdehnen. Ein ganzes Netzwerk aus untereinander verbundenen Realitäten, das, Tegmark zufolge, die zweite Ebene des Multiversums darstellt. Unser Universum könnte so vor 13,8 Milliarden Jahren aus einem Vorgängeruniversum entstanden sein und befände sich dann in der Gesellschaft einer unendlichen Anzahl an Paralleluniversen: mit anderen Dimensionen, Elementarteilchen und physikalischen Konstanten, je nachdem, welche Art von Fluktuationen die ursprüngliche Blase hervorgerufen hat.

Ein Beispiel: Wenn die elektromagnetische Kraft – die für elektrische und magnetische Felder verantwortlich ist – auch nur 4 Prozent schwächer wäre, würde die Sonne augenblicklich explodieren. Wenn hingegen das Verhältnis zwischen der Masse des Protons und der Masse des Elektrons kleiner wäre, gäbe es keine stabilen Sterne; wäre es größer, könnte es keine geordneten Strukturen geben, wie etwa Kristalle oder DNA-Moleküle. Die Welten der zweiten Ebene könnten sich also in der Tat sehr von der unseren unterscheiden und wären wahrscheinlich wenig gastlich (zumindest für Menschen). Ein schwacher Trost, da sie ohnehin unerreichbar wären (es sei denn, man verwendet ein Wurmloch, vgl. Kapitel 3): Aufgrund der Inflation zwischen uns und ihnen entsteht nämlich ein viel größeres Volumen, als wir selbst mit Lichtgeschwindigkeit überwinden könnten.

Laut Max Tegmark gibt es jedoch ein Multiversum, das uns sehr nahe ist. Grund dafür sind die quantenmechanischen Eigenschaften der Realität (mehr dazu in Kapitel 2). Innerhalb dieses Rahmens wird der Zustand des Universums nicht mithilfe der Position und Geschwindigkeit jedes seiner Bestandteile beschrieben, sondern anhand eines mathematischen Konzepts namens *Wellenfunktion*. Darunter versteht man eine Reihe von Wahrscheinlichkeiten, teilweise auch widersprüchliche, wie etwa die Möglichkeit, dass ein Partikel sich an einem bestimmten Ort befindet und gleichzeitig auch an einem anderen. Jedes Objekt wird beschrieben durch die Summe aller seiner möglichen Zustände. Das ist das klassische Paradoxon von *Schrödingers Katze*. Stellt euch eine Katze vor, die in einer Kiste eingeschlossen ist. Ebenfalls in der Kiste befinden sich etwas Uranerz und eine Giftampulle,

die mit einem Geigerzähler gekoppelt ist. Sobald der Geigerzähler den Zerfall eines Uranatoms registriert, wird das tödliche Gift freigesetzt. Der Quantenphysik zufolge können wir jedoch nicht sicher sein, dass – sagen wir, innerhalb einer Stunde – das Uran zerfallen ist, aber es gibt eine Wahrscheinlichkeit von 50 Prozent, dass es sich so verhält. Deswegen sind wir gezwungen, das Atom mit einer Wellenfunktion zu beschreiben, die sowohl den Zerfall als auch den Nichtzerfall anzeigt. Dasselbe gilt aber auch für die Katze, weswegen sie gleichzeitig tot und lebendig sein wird, bis wir selbst nachsehen und die Wellenfunktion in den einen oder den anderen Zustand kollabiert. Wie löst man dieses Paradoxon? Gemäß der Viele-Welten-Interpretation, die von Hugh Everett vorgeschlagen und anschließend unter anderem von John Wheeler und Bryce DeWitt entwickelt wurde, wird in dem Moment, da wir die Kiste öffnen, die Katze in einer Welt überlebt haben, während sie in einer anderen das Zeitliche gesegnet haben wird.

Wenn wir uns jetzt vor Augen halten, dass eine solche Gabelung jedes Mal entsteht, wenn es zu einem quantenmechanischen Ereignis kommt, haben wir vielleicht eine Ahnung davon, wie viele verschiedene Möglichkeiten sich uns eröffnen. Stellen wir uns beispielsweise vor, dass Walter Bishop sich entschließt, seinen Sohn um jeden Preis zu retten – oder es nicht zu tun –, ganz nach Schrödingers Uran-Zerfall. In dem Augenblick, in dem er die Kiste öffnet und herausfindet, ob eine Zerfallsreaktion stattgefunden hat oder nicht, entstehen zwei Universen: Eines ist das klassische Universum von *Fringe*, mit einer Version von Walter Bishop, der bereit ist, die Grenzen zwischen den Welten zu überschreiten. In dem anderen hingegen fügt sich Dr. Bishop in sein Schicksal, und das führt wahrscheinlich zur alternativen Wirklichkeit eines Walternativ. Und so wird das *Multiversum der dritten Ebene* geboren.

Das letzte und komplexeste System von Parallelwelten, das Tegmark beschreibt, ist die *vierte Ebene des Multiversums*: Dem

Wissenschaftler zufolge wäre hier jedes Universum möglich, das auf mathematischen Strukturen basiert, deren Resultat eine unterschiedliche Gesamtheit der grundlegenden Gleichungen der Physik ergibt. Das wäre demnach eine Art Behälter, der alle unterschiedlichen Ebenen des Multiversums aufnehmen könnte und in dem all das als real gilt, was mit mathematischen Begrifflichkeiten beschrieben werden kann. Habt ihr auch schon Kopfschmerzen? Macht es wie euer Doppelgänger in einem Paralleluniversum, der diesen Abschnitt übersprungen hat, und geht auch direkt zum nächsten über.

TELEPATHIE, TELEKINESE UND ANDERE MERKWÜRDIGE PHÄNOMENE

»Der Verstand ist Gott! Es gibt keine Grenzen für uns, außer denen, die wir uns selbst auferlegen.« Das ist Dr. Bishops Vision vom menschlichen Gehirn, wie er sie in der vierten Folge der dritten Staffel proklamiert. Wohl aus diesem Grund entschließt er sich, gemeinsam mit seinem Freund William Bell (dargestellt von dem inzwischen verstorbenen Leonard Nimoy, keinem Geringeren als Mr. Spock aus *Star Trek*!), ein starkes Medikament an Kindern zu testen. Diese Droge namens *Cortexiphan* ist – in der Welt der Serie – in der Lage, die Tore des menschlichen Verstandes zu öffnen, wodurch dieser sein volles Potenzial erreichen und eine Reihe unglaublicher übersinnlicher Fähigkeiten entwickeln kann. Olivia Dunham, die als sehr junges Mädchen den Experimenten ausgesetzt war, entfaltet im Laufe der Serie eine Reihe besonderer Kräfte, wie Telepathie (Gedankenlesen und -kontrolle), Telekinese (Gegenstände mit Willenskraft bewegen) und Pyrokinese (die Kontrolle von Feuer).

Die Wissenschaft hat allerdings eine ziemlich gute Vorstellung von dem verborgenen Potenzial unseres Gehirns: Demnach ist es nicht wahr, dass wir nur 10 Prozent unserer mentalen Kapazitäten nutzen. Die verschiedenen Messinstrumente, die es uns gestatten, die Vorgänge in unserem Kopf zu beobachten, lassen daran keinen Zweifel: Es gibt keinen Bereich, der inaktiv bleibt und noch auf eine geheimnisumwobene Aufgabe wartet. Man kann höchstens feststellen, dass manche Zonen während bestimmter Aufgaben aktiver sind als andere. Der Umkehrschluss ist genauso wahr: Es gibt so gut wie keinen zerebralen Schaden, der sich nicht unmittelbar auf unser »Funktionieren« auswirkt.

Trotz seiner wackeligen wissenschaftlichen Basis ist das Science-Fiction-Genre geradezu vernarrt in diesen Mythos, der mehr über unsere Wünsche aussagt als über die Realität. Manch einer geht noch weiter, so zum Beispiel der Zauberkünstler und Gegner von Scharlatanen James Randi, der 1996 eine Belohnung von einer Million Dollar für denjenigen ausgeschrieben hat, der die Existenz von paranormalen Phänomenen zweifelsfrei nachweisen kann. Bisher hat niemand das Geld einfordern können.

Man kann recht leicht erklären, weshalb Telepathie so unwahrscheinlich ist. Unser Gehirn besteht aus Neuronen, die untereinander mithilfe von Synapsen vernetzt sind. Diese werden von schwachen elektrischen Signalen durchlaufen, die sich im Bereich von Milliwatt bewegen (nur als Vergleich: Eine nicht besonders starke herkömmliche Glühbirne benötigt 50 Watt oder 50 000 Milliwatt). Das ist jedoch nicht alles: Die Signale, die auf die Oberfläche unseres Schädels gelangen, sind gestört, da sie von allen Neuronen ausgehen, die in diesem einen Moment aktiv sind. Wer schon einmal ein Elektroenzephalogramm (EEG) gemacht hat, mit dem die elektrischen Potenziale an verschiedenen Stellen des Kopfes gemessen werden, und einen Blick auf das Ergebnis werfen durfte, der wird verstehen, was damit gemeint ist. Das EEG liefert viele Informationen über die Vorgänge in unserem Gehirn, aber einen einzelnen Gedanken zu erfassen ist praktisch unmöglich. Außerdem: Wie sollten wir denn unsere

Gedanken aussenden oder die anderer Leute empfangen, wenn wir gar keine Antenne auf dem Kopf haben?

Und doch macht die Forschung auch in dieser Richtung Fortschritte. So ist es Wissenschaftlern von der Washington University kürzlich gelungen, die Gehirne zweier Personen über das Internet miteinander kommunizieren zu lassen. Das Experiment wurde in der Zeitschrift *Public Library of Science One* veröffentlicht. Es sieht vor, dass an einem Ende der »Unterhaltung« die Hirnaktivität eines Freiwilligen mittels EEG überwacht wird, während am anderen Ende ein zweiter Teilnehmer einer *Transkraniellen Magnetstimulation* (TMS) unterzogen wird. Dabei handelt es um eine nichtinvasive Methode, die an der Oberfläche des Schädels ein Magnetfeld generiert und so die darunter befindlichen Neuronen stimuliert, was wiederum bestimmte Hirnregionen aktiviert. In diesem Fall wurde die TMS oberhalb des visuellen Cortex ausgeübt, einem Bereich unmittelbar über dem Nacken, in dem verarbeitet wird, was wir sehen. Der Ablauf des Tests war nicht ganz unkompliziert: Dem ersten Freiwilligen (mit dem EEG) wurde ein Gegenstand gezeigt, den der zweite (der an die TMS geklemmt war) erraten musste, indem er vorgefertigte Fragen stellte. Dem EEG-Teilnehmer wurden diese auf einem Bildschirm angezeigt und mussten mit »Ja« oder »Nein« beantwortet werden. Lautete die Antwort »Ja«, sollte er sich auf die linke Seite des Monitors konzentrieren, bei »Nein« auf die rechte. Je nachdem, ob der Proband sich auf links oder rechts konzentrierte, konnte also anhand des EEGs eine bestimmte Hirnaktivität gemessen und automatisch via Internet an einen Computer übertragen werden. Dieser Computer kontrollierte die TMS und zeigte dem zweiten Teilnehmer im Fall einer positiven Antwort einen hellen Lichtblitz, der von der Stimulation des Gesichtsareals im Gehirn verursacht wurde. Nach ein paar Fragen konnte der zweite Teilnehmer allein durch diese Form zerebraler Kommunikation den Gegenstand richtig erraten.

Wissenschaftler arbeiten jedoch nicht nur daran, Gedanken

von Person zu Person zu übertragen, sondern auch zu lesen und zu verstehen, woran jemand tatsächlich denkt. In diese Richtung gehen beispielsweise die Versuche von Jack Gallant von der University of California, Berkeley, der jedoch die *funktionelle Magnetresonanztomographie* (fMRT) dafür verwendet. Dieses Gerät ist in der Lage, den Blutstrom zu mehr oder weniger großen Gruppen von Neuronen zu messen: Benötigen bestimmte Areale mehr Blut, sind sie während einer Aufgabe stärker aktiv. Gallants Arbeitsgruppe hat in einer 2008 in *Nature* veröffentlichten Studie bewiesen, dass sie (mehr oder weniger) Gedanken lesen kann: Nachdem sie den Teilnehmern ihrer Versuche mehrere Tausend Bilder gezeigt und dabei die Aktivität ihres visuellen Cortex gemessen haben, sind diese Informationen genutzt worden, um ein Computermodell zu erstellen, dass das Aktivierungsmosaik eines beliebigen Bildes vorhersagen kann. Als den Probanden ein für sie vollkommen neues Bild gezeigt wurde, konnte der Computer mit 80-prozentiger Genauigkeit erkennen, um welches Bild aus einer Datenbank mit 1000 Bildern es sich handelte, allein anhand der Aktivität ihres visuellen Cortex.

Und wie sieht es mit Telekinese aus? Wer davon träumt, Gegenstände allein mit der Macht seines Geistes zu bewegen, muss sich leider ebenfalls geschlagen geben. Wie Michio Kaku in *Die Physik des Unmöglichen* (2008) erläutert, ist es alles eine Frage der Physik: Welche Kraft wollen wir bitte schön dazu verwenden? Die Schwerkraft ist sehr schwach und übt nur Anziehung aus, elektromagnetische Kräfte wirken nur auf elektrisch geladene Körper und nukleare Kräfte haben nur einen winzigen Aktionsradius. Außerdem würden wir mit Telekinese gegen den Energieerhaltungssatz verstoßen, weil der menschliche Körper höchstens in der Lage ist, rund ein Fünftel PS zu produzieren, was bei weitem nicht ausreicht, um große Lasten zu bewegen.

Aber auch hier kann die Forschung eine helfende Hand reichen – wortwörtlich. Verschiedenen Wissenschaftlern ist es nämlich in den letzten Jahren gelungen, Roboterarme allein durch die

Kraft der Gedanken von Personen, die schon seit langem gelähmt waren, in Bewegung zu versetzen. Die Forscher haben hierzu den Motorcortex der Patienten – also den Teil des Gehirns, der eigentlich unseren Muskeln das Signal sendet, sich zusammenzuziehen – mit der mechanischen Prothese verbunden und ihnen beigebracht, diese zu bewegen, als wäre sie ein Teil ihres Körpers. Dieselbe Forschung wird nun mit Personen betrieben, die nicht mehr gehen können.

Vielleicht übt hier nicht wirklich der Geist Macht über die Materie aus, und vielleicht handelt es sich im vorangegangenen Beispiel nicht wirklich um Gedankenlesen – aber die Fortschritte der Neurowissenschaften sind sehr vielversprechend.

10 DINGE, DIE MAN ÜBER *FRINGE* WISSEN SOLLTE

1.

Sind euch die glatzköpfigen Männer in Anzug und Krawatte aufgefallen, die Beobachter (engl. *Observer*) genannt werden? Wenn man genau hinsieht, kann man sie in jeder Folge von *Fringe* entdecken. Ein kleines Suchspiel am Rande.

2.

Der durchgeknallte Wissenschaftler Walter Bishop spielt als Einziger in allen 100 Folgen der Serie mit.

3.

Leonard Nimoy, besser bekannt als Mr. Spock aus *Star Trek*, hat auch nach dem offiziellen Ende seiner Schauspielkarriere noch in *Fringe* mitgewirkt. Eine der letzten Szenen, die er vor seinem Tod 2015 drehte, war eine mit John Noble, dem Darsteller von Dr. Bishop.

4.

Im Laufe der Jahre haben sich die Fans der Serie kreative Namen für die Doppelgänger der Protagonisten ausgedacht, wie etwa *Fauxlivia*, *Walternativ* oder *Altstrid*.

5.

Dr. Bishop kann sich nie den richtigen Namen seiner Assistentin Astrid merken. Stattdessen nannte er sie in den zahlreichen Staffeln schon Asgard, Asterix, Aspirin oder Estrich, Aphro, Arktos usw.

6.

In jeder Folge der Serie ist ein Hinweis auf die nächste versteckt. Meistens handelt es sich um einen visuellen Hinweis, wie etwa das Nummernschild »6B« (in der dreizehnten Folge der dritten Staffel), das in der darauffolgenden zur Nummer des entscheidenden Apartments wird.

7.

Die Symbole, die vor der Werbeunterbrechung gezeigt werden, stellen jeweils einen bestimmten Buchstaben dar. Verbindet man all diese Schriftzeichen, ergeben sie das zentrale Stichwort der aktuellen Folge.

8.

Die Farbe der Schrift im Vorspann der Serie verrät bereits, in welchem Universum und auf welcher Zeitebene die Folge spielen wird. So steht Blau beispielsweise für die reale Erde und Rot für die Parallelwelt.

9.

Zwischen den beiden Versionen der Erde gibt es zahlreiche Unterschiede. Im Paralleluniversum ist beispielsweise John F. Kennedy nicht ermordet worden, die Twin-Towers des World Trade Center stehen nach wie vor, und Zeppeline sind alltägliche Verkehrsmittel.

10.

In vielen Folgen kann man einen Blick auf das Nummernschild von Olivia Dunhams Geländewagen erhaschen: 1-C3PO-1. Eine Hommage an *Star Wars* von Seiten J.J. Abrams, der später als Regisseur den siebten Film der Reihe gedreht hat.

ORPHAN BLACK

Erstausstrahlung: 2013 (USA) bzw. 2014 (Deutschland)
Staffeln: 4 (noch nicht abgeschlossen)
Binge-Watch-Dauer: 1 Tag, 4 Stunden und 40 Minuten
Inhalt: Die junge Waise Sarah Manning (Tatiana Maslany)
führt ein unangepasstes Leben am Rande der Gesellschaft. Eines Abends wird sie Zeugin, wie eine Frau sich
vor einen Zug wirft und Selbstmord begeht. Sarah nutzt
die Aufregung, um die nicht weiter beachtete Handtasche
der Toten zu stehlen. Als sie die Ausweispapiere der Frau
durchsieht, bestätigt sich der Eindruck, den sie am Gleis
bereits hatte: dass diese Frau, eine Polizistin namens Beth
Childs, ihr bis aufs Haar gleicht. Verwirrt beschließt sie,
die Identität von Childs anzunehmen, doch ist das erst
der Anfang einer verzwickten Geschichte, in deren
Verlauf sie verschiedenen Versionen ihrer selbst begegnen
wird. Und nicht alle Klone sind ihr wohlgesinnt.

Orphan Black ist eine Fernsehserie, die von einer einzigen Schauspielerin getragen wird: Tatiana Maslany. Ihr fällt die schwierige Aufgabe zu, alle fünf Hauptfiguren darzustellen: die eigenwillige Britin Sarah, die lesbische Biologin Cosima, die angepasste Hausfrau und Mutter Alison, die wahnsinnige Mörderin Helena und die durchtriebene Rachel. Angesichts dieser Voraussetzungen erwartet man vielleicht Augenblicke ausgeprägter Langeweile, weil man ständig dasselbe Gesicht auf dem Bildschirm sieht. Doch Maslany – die zwar schon einige Male nominiert war, aber bislang noch keinen Emmy Award als beste Hauptdarstellerin mit nach Hause nehmen konnte – verleiht jeder dieser Figuren ganz individuelle Eigenschaften, eine ausgeprägte Persönlichkeit und Gestik, und macht sie so unverwechselbar.

Die Stärke dieser kanadischen Serie ist jedoch nicht allein in der virtuosen Schauspielkunst der Hauptdarstellerin zu suchen, sondern auch in der behandelten Thematik. *Orphan Black* greift das Thema des Klonens auf und verleiht ihm neue Aktualität, weil es in die komplexe Handlung eines Thrillers eingebettet wird und ganz gewöhnliche Menschen in die Machenschaften eines multinationalen Konzerns verstrickt. Die Geschichte des Klonens ist ebenso lang wie kompliziert – aber ist es wirklich möglich, eine genetisch perfekte Kopie von einem Individuum herzustellen?

WIE KLONT MAN EINEN MENSCHEN?

Sarah Manning hat auf eigene Faust herausfinden müssen, was ein Klon ist. Es handelt sich dabei um ein reproduziertes Exemplar einer Spezies, dessen genetische Ausstattung mit der des Originals identisch ist. Die Ähnlichkeit zwischen Sarah, Cosima und Alison geht demnach weit über die Identität ihrer Gesichtszüge hinaus. Würden wir jeder der drei Damen eine Zelle entnehmen und aus diesen Zellen wiederum die DNA (das lange Molekül namens Desoxyribonukleinsäure bzw. engl. *deoxyribonucleic acid*, kurz: DNA), um anschließend die einzelnen Bausteine zu vergleichen, aus denen die DNA zusammengesetzt ist (fast 250 Millionen sogenannte *Basenpaare*), könnten wir feststellen, dass sie beinahe haargenau übereinstimmen.

Zwar stellt die Arbeit des Dyad-Instituts – dem fiktiven Labor, das mit dem »Projekt Leda« die genetischen Schwestern in *Orphan Black* hergestellt hat – unter wissenschaftlichen Gesichtspunkten einen Erfolg dar, doch in Wahrheit haben die Wissenschaftler bloß einen Prozess kopiert, der in der Natur längst existiert. Ganz gewöhnliche Quallen treten beispielsweise in zwei Formen auf: Es gibt schirmförmige, an die wir alle sofort denken, und Polypen, eine Art Bäumchen, das sich am Meeresboden festgeklammert hat. Ein solcher Polyp pflanzt sich fort, indem er sich selbst klont.

Allerdings treten Klone auch in unserer menschlichen Spezies auf, nämlich dann, wenn eineiige Zwillinge geboren werden. Nachdem die Eizelle von einem Spermium befruchtet wurde, entwickelt sie sich zur sogenannten Zygote, die jeweils zur Hälfte mütterliches und väterliches Erbgut enthält. Bei eineiigen Zwillingen teilt sich diese Zygote spontan in zwei Embryonen, aus denen schließlich zwei Kinder mit identischer genetischer Ausstattung entstehen.

Ein Klon kann jedoch auch im Labor erschaffen werden – so wie es die Wissenschaftler des Dyad-Instituts getan haben. Dabei werden komplexe Verfahren eingesetzt, die in den vergangenen Jahrzehnten bereits mehrfach erfolgreich angewendet wurden. Aufgrund eines Verbots, das 2005 von den Vereinten Nationen erklärt wurde, dürfen diese Techniken jedoch nicht genutzt werden, um menschliche Klone herzustellen. Die Schöpfer von Sarah und ihren Schwestern haben eines der am weitesten verbreiteten Verfahren eingesetzt, den sogenannten somatischen Zellkerntransfer (*Somatic Cell Nuclear Transfer*, SCNT). Hierbei nimmt man eine somatische Zelle (beispielsweise eine Gewebszelle; somatische Zellen können sich eigentlich nicht fortpflanzen und daher auch kein Genmaterial weitergeben) des zu klonenden Originals und eine Eizelle (eine Zelle, die sich nach der Befruchtung durch ein Spermium zu einem Embryo entwickeln kann) von einer Spenderin. Anschließend wird die DNA aus dem Zellkern der somatischen Zelle in den geleerten Zellkern der Eizelle übertragen. Ein kleiner Stromschlag soll anschließend deren Wachstum einleiten. Diese Zelle muss nun nur noch in den Uterus einer Leihmutter eingepflanzt werden, und nach den klassischen neun Monaten kommt der Klon zur Welt.

So sind Cosima, Alison und die anderen geboren worden. Doch obwohl ihr genetisches Material zu Beginn gleich ist, sind die Schwestern nicht zu 100 Prozent identisch. Zwillinge, die in derselben Familie geboren wurden und im selben Umfeld aufgewachsen sind, werden sich deutlich stärker ähneln als zwei Klone, die von unterschiedlichen Leihmüttern auf die Welt gebracht wurden und getrennt voneinander in verschiedenen Umgebungen aufgewachsen sind. Das ist der Unterschied zwischen dem *Genotyp* – allen Genen, die wir besitzen – und dem *Phänotyp* – der Art und Weise, wie diese Gene zum Ausdruck kommen. Unsere Umwelt kann tatsächlich auf vielerlei Arten darauf einwirken, etwa durch bestimmte Mikroben, denen wir im Verlauf der Schwangerschaft ausgesetzt sind, oder auch ganz einfach durch die eigene Ernährung. Einen weiteren Faktor stellen zufällige Mutationen dar, die im Verlauf des Lebens in der DNA auftreten, wenn sie während der ganz alltäglichen Reproduktionsmechanismen der Zellen kopiert wird: Diese winzigen Makel sind einzigartig, weshalb Klone (oder Zwillinge) mit zunehmendem Alter zwar weiterhin eine sehr ähnliche, aber eben keine zu 100 Prozent identische DNA haben werden.

Neben dem genetischen Aspekt gibt es auch noch den psychologischen. In *Orphan Black* unterscheiden sich alle Klone ein wenig von den anderen, was Stil und Charakter angeht. Alisons perfektes Leben als Kleinstadt-Mutter hat so gut wie nichts gemeinsam mit Sarahs unbeständiger Existenz als Punk. Sie wiederum ist durch und durch heterosexuell, im Gegensatz zur genialen Cosima. Wie positioniert sich also die Serie in der ewigen Debatte, ob das Leben eines Individuums stärker von der Natur (den Genen) oder der Kultur (der Umwelt) geformt wird? Die Autoren scheinen sich nicht so recht festlegen zu wollen und nehmen vielmehr eine Position in der Mitte ein: Gene und Umwelt beeinflussen das Werden einer Person in gleichem Maße. Im Grunde haben Sarah und ihre Schwestern ja auch jenseits ihres Äußeren etwas gemeinsam: eine ausgeprägte Fähigkeit, sich an extreme Situationen anpassen zu können.

Ein weiterer Unterschied hingegen, der Sarah gerade für das Leda-Projekt besonders wichtig macht, ist ihre Fähigkeit zur Fortpflanzung. Alle anderen Kopien scheinen nämlich unfruchtbar zu sein (Alisons Kinder sind adoptiert). Entgegen einem allgemeinen Irrglauben gibt es jedoch gar keinen wissenschaftlichen Grund, weshalb Klone nicht in der Lage sein sollten, sich fortzupflanzen, schließlich funktionieren sie in jeder Hinsicht genauso wie der Ursprungsorganismus. Also müssen die Wissenschaftler vor oder nach der Geburt der Kopien auf deren genetischen Code eingewirkt und einige Gene manipuliert oder stillgelegt haben, damit Sarahs Schwestern keine Nachfahren zeugen können. Womöglich haben sie dadurch auch das Wachstum von Gebärmutterpolypen begünstigt, die das Leben einiger der Klone gefährden.

Modifikationen des genetischen Codes sind innerhalb der Wissenschaft nach wie vor ein sehr umstrittenes Thema. Erst kürzlich hat etwa eine Technik namens CRISPR/CAS9 von sich reden gemacht, weil sie es ermöglicht, recht einfach und dennoch mit großer Präzision Veränderungen an der DNA vorzunehmen. Man könnte mit ihr Mutationen identifizieren, die schwere Krankheiten hervorrufen, und die betroffenen Gene verändern. Reparaturen dieser Art könnten auch am Embryo vorgenommen werden oder direkt an den Spermien oder Eizellen der Eltern, um zu garantieren, dass eine bestimmte Erkrankung nicht an Kinder und Enkel weitergegeben werden kann. Modifizierungen der Erbinformationen im genetischen Code stellen eine Revolution dar, die von vielen als ein Schritt angesehen wird, von dem es kein Zurück gäbe. Sie sehen die Gefahr einer Verwendung im Sinne der Eugenik, die noch immer sehr umstritten ist.

KLONE UND IHRE GESCHICHTEN

Die Geschichte der Klone beginnt früher, als man denkt: 1891, genauer gesagt in dem Moment, als der Biologe Hans Driesch in der Zoologischen Station Neapel zum ersten Mal ein Reagenzglas schüttelte, das den Embryo eines Seeigels enthielt. Driesch stellte fest, dass sich die zwei Zellen, aus denen der Embryo bestand, trennten und in zwei separate Organismen entwickelten. Diese Entdeckung hat der Wissenschaft gezeigt, dass jede Embryonalzelle im Frühstadium alle Anweisungen enthält, um den vollständigen Organismus zu erschaffen.

Auf den ersten richtigen Kerntransfer musste man jedoch noch ein wenig warten: bis 1952. In diesem Jahr gelang es Robert Briggs und Thomas J. King, die DNA aus der Embryonalzelle einer Kaulquappe in die Eizelle eines Frosches zu übertragen und so zum allerersten Mal ein Wirbeltier zu klonen. Im Laufe der Jahre wurde die Technik perfektioniert, wobei die Embryonen verschiedener Spezies als Ausgangsmaterial genutzt wurden, darunter Kaninchen, Schafe und Kühe.

Erst 1997 wurde die Technik des Klonens der breiten Öffentlichkeit bekannt, als nämlich der Welt das Schaf Dolly vorgestellt wurde, der erste Klon eines ausgewachsenen Säugetiers. Da der genetische Code aus der Zelle einer Milchdrüse stammte, beschlossen die Wissenschaftler, dem Schaf den Namen einer eben-

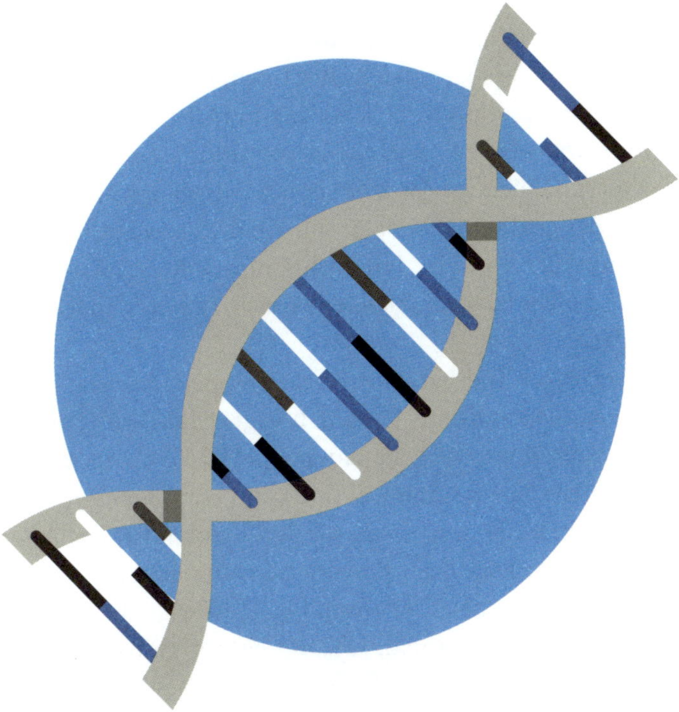

so berühmten wie kurvenreichen Dame zu verleihen: den der Country-Sängerin Dolly Parton.

Das wohl berühmteste Schaf aller Zeiten erblickte das Licht der Welt am 5. Juli 1996 und hatte nicht weniger als drei Mütter: von einer stammte die Eizelle, von einer weiteren die DNA, und eine dritte hat das neue Lebewesen ausgetragen. Die Väter des wolligen Prominenten sind hingegen Ian Wilmut und Keith Campbell, zwei Biologen des Roslin Institute, das wiederum zur University of Edinburgh in Schottland gehört. Dort hat Dolly auch ihr kurzes Leben zugebracht und sechs Lämmchen in die Welt gesetzt. Üblicherweise lebt ein Schaf etwa zwölf Jahre, wohingegen das geklonte Exemplar nur rund sechseinhalb Jahre alt wurde. Im Alter von vier Jahren begann Dolly an Arthritis zu leiden, und nicht lange danach haben sich Tumoren in ihrer Lunge gebildet.

Ihr vorzeitiger Tod hat zu zahlreichen Spekulationen geführt. Die vielleicht bekannteste Theorie besagt, dass Dolly bereits alt geboren worden sei, weil die Ausgangs-DNA von einem ausgewachsenen Exemplar stammte. Wie kann man dieses vermutete vorzeitige Altern messen? Einer der Indikatoren für das Alter einer Zelle ist die Länge der *Telomere*. So nennt man die Enden der Chromosomen, die die DNA enthalten. Tatsächlich fielen sie bei Dolly kürzer aus als normal, was auf ein fortgeschrittenes Zellalter hinweist. Man kann jedoch weder sagen, sie sei deswegen vorzeitig verstorben, noch dass alle Klone dieses Problem hätten. Der Großteil der Klone, die später mit der Kerntransfer-Technik aus einer somatischen Zelle geschaffen wurden, scheint nämlich keine auffälligen Telomere zu besitzen und lediglich unter denselben Gesundheitsproblemen zu leiden wie nichtgeklonte Exemplare – aber die Forschung ist noch nicht abgeschlossen.

Man darf nicht glauben, es sei leicht, einen Klon herzustellen. Dolly, beispielsweise, war das einzige Schaf, das das Erwachsenenalter erreichte – dabei haben die Forscher das Transferverfahren bei 277 Zellen angewendet, daraus entstanden nur 29 Embryonen, von welchen wiederum nur drei bis zur Geburt überlebten. Eine äußerst geringe Erfolgsrate. Die Wissenschaftler haben sich davon allerdings nicht entmutigen lassen und stattdessen die Reihe der geklonten Tiere um Katzen, Mäuse, Kälber, Büffel, Wölfe, Kaninchen und Affen ergänzt, teilweise zu Forschungszwecken, teilweise jedoch auch, um eine vom Aussterben bedrohte Spezies zu erhalten.

Und beim Menschen? Wenngleich das Klonen von Menschen verboten ist und noch keine perfekte Kopie aus der Retorte das Licht der Welt erblickt hat, haben Forscher doch die Studien bezüglich des auf den Menschen anzuwendenden Verfahrens vorangetrieben – ohne dabei je die hergestellten Zellen in eine Gebärmutter zu implantieren, versteht sich. 2013 sind so, unter Verwendung des Kerntransfer-Verfahrens, die ersten embryonalen Stammzellen hergestellt worden. Shoukhrat Mitalipov von der Oregon Health & Science University in Portland hat dabei Ergebnisse erzielt, die von ganz besonderer Bedeutung für den Bereich des therapeutischen Klonens sind: Dank seines Verfahrens kann man unreife Zellen gewinnen, die sich in jede Form von Gewebe entwickeln können und mit dem ursprünglichen DNA-Spender uneingeschränkt kompatibel sind.

KANN MAN MENSCHLICHE DNA PATENTIEREN LASSEN?

»Dieser Organismus und genetisches Material, das auf ihn zurückgeht, ist geheimes geistiges Eigentum.« Das steht – verschlüsselt, versteht sich – in der DNA aller Klone, die das Dyad-Institut hergestellt hat, um nicht nur das Urheberrecht an allen so markierten Produkten zum Ausdruck zu bringen, sondern auch einen vollumfänglichen Besitzanspruch. Schon allein indem man den genetischen Code von Cosima und ihren Schwestern ausliest (wofür man das Material schließlich einigen wissenschaftlichen Prozeduren unterziehen muss), könnte man sich einer Urheberrechtsverletzung strafbar gemacht haben. Kann eine Person und ihr genetischer Code wirklich einem Unternehmen »gehören«? Die Antwort lautet glücklicherweise: nein. In Europa und in den Vereinigten Staaten gibt es beispielsweise Richtlinien und Gesetze, die es verbieten, Patent auf einen vollständigen menschlichen Organismus anzumelden.

Aber sobald man nicht mehr von einem ganzen Organismus spricht, sondern von »Portionen« des genetischen Codes, also von den *Genen* an sich, wird die Sachlage gleich viel komplexer. Statt nämlich die gesamte Sequenz an Buchstaben patentieren zu wollen, aus der die DNA besteht, könnte man beispielsweise auf nur eines von den Tausenden Genen in unseren Zellkernen rechtliche Ansprüche erheben. Es wurden schon wirklich viele entdeckt, aber die Phantasie der Wissenschaftler wird am besten verdeutlicht durch Gene wie beispielsweise *Sonic hedgehog*, das nach dem Hochgeschwindigkeits-Stachelschwein aus den Sega-Videospielen benannt und für die Entwicklung der neuronalen Stammzellen von Bedeutung ist. Oder *Pokemon*, ein Gen, das für die Verbreitung von Tumorzellen verantwortlich ist und nach einer Beschwerde von Nintendo in *Zbtb7* umbenannt wurde.

Die DNA ist ein reichhaltiges Buffet, das zu weiten Teilen erst noch entdeckt werden muss – an dem einige sich allerdings schon bedienen. Ein typisches Beispiel betrifft zwei sehr besondere Gene, BRCA1 und BRCA2 (*Breast Cancer Susceptibility Gene 1* und 2). Gene dieser Art, sogenannte *Tumorsuppressoren*, können die Entstehung bestimmter Arten von Krebs verhindern. Die BRCA-Gene erhalten dabei insbesondere die Stabilität des genetischen Codes und verhindern die Anhäufung von Mutationen, die ein unkontrolliertes Zellwachstum auslösen könnten. Sollten diese Gene jedoch selbst mutieren, wird die DNA nicht mehr in ausreichendem Maße repariert und es kommt zu einer drastischen Erhöhung des Risikos für zwei Arten von Tumoren:

Eierstockkrebs und Brustkrebs (aus diesem Grund hat sich die Schauspielerin Angelina Jolie unlängst einer präventiven Mastektomie und Ovarektomie unterzogen, sich also die gefährdeten Organe entfernen lassen).

Nachdem diese Gene zwischen 1994 und 1995 isoliert worden waren, hat die Firma Myriad Genetics sie sich patentieren lassen. Das damals junge Start-up-Unternehmen hatte außerdem eine Methode zum Patent angemeldet, um Mutationen im Inneren dieser beiden Gene festzustellen. Für schlappe 4000 Dollar bot das Unternehmen einen Test an, der das Risiko für die Entstehung von Krebs an Brust und Eierstöcken kalkuliert. Jeder, der diese beiden Gene untersuchen wollte, selbst zu wissenschaftlichen Zwecken, musste sich an Myriad Genetics wenden.

Dank des Widerstands der Association for Molecular Pathology (der US-amerikanischen Gesellschaft für Molekularpathologie) befasste sich der Oberste Gerichtshof der Vereinigten Staaten mit diesem Monopol, das Myriad Genetics über den Besitz eines frei in der Natur vorkommenden Gens innehatte. Das Urteil wurde im Juni 2013 gefällt: Menschliche Gene können nicht patentiert werden. Das Gericht stellte fest, dass die DNA in isolierter Form weder ihr Wesen veränderte noch die enthaltenen Informationen. Folglich sei auch ein einzelnes Gen als ein Produkt der Natur zu behandeln, das nicht patentiert werden könne. Künstliche Gene und künstliche DNA hingegen sind etwas ganz anderes: Sie wurden quasi aus dem Nichts in einem Labor entwickelt und fallen daher unter das Urheberrecht (wie etwa auch die Techniken zur Analyse einzelner Gene).

Und in Europa? Hier wurde die Lage schon 1998 geklärt, mit einer Richtlinie zu biotechnologischen Erfindungen (Richtlinie 98/44/EG). Das mag den einen oder anderen verwundern, aber auf europäischem Grund und Boden können einzelne Gene patentiert werden, ebenso jeder einzelne Bestandteil des menschlichen Körpers, wenngleich dafür gewisse Hürden überwunden werden müssen. Um ein Patent anzumelden, genügt nämlich nicht nur die Entdeckung an sich, es müssen auch drei bestimmte Voraussetzungen erfüllt sein: Erstens muss die Erfindung Neuheitscharakter haben und sich also von allen anderen Innovationen unterscheiden, die bereits beim europäischen Patentamt angemeldet sind. Zweitens muss die erfinderische Tätigkeit nachgewiesen werden, also dass es sich nicht bloß um die offensichtliche Abwandlung von etwas bereits Bekanntem handelt. Drittens muss die gewerbliche Anwendbarkeit abzusehen sein, was bedeutet, dass der Patentantrag bereits eine Beschreibung enthalten muss, wie die Erfindung auf irgendeinem gewerblichen Gebiet hergestellt und benutzt werden kann. Aus diesen Gründen sind die Gene BRCA1 und BRCA2 in Europa weiterhin patentiert.

Kehren wir zu Sarah und ihren Schwestern zurück. Basierend auf dem, was wir jetzt über DNA und Patente wissen, könnte zumindest ein Teil des genetischen Codes unserer Klone patentiert werden, aber nur, wenn dieser von Grund auf künstlich entwickelt worden wäre (darum geht es unter anderem in Kapitel 11). Zu ihrem Glück sieht es jedoch nicht danach aus, als hätte das Dyad-Institut sie wirklich Baustein für Baustein zusammengesetzt.

10 DINGE, DIE MAN ÜBER
ORPHAN BLACK WISSEN SOLLTE

1.

Tatiana Maslany, die alle Klone von Sarah Manning verkörpert, hat sich für jede dieser Rollen eine eigene musikalische Playlist ausgedacht, die ihr hilft, sich auf den jeweiligen Charakter einzustimmen. Jeder Klon hat außerdem eine ganz eigene Art zu tanzen.

2.

Ohne den Technodolly, einer Kamera auf einem Kran, der Kamerafahrten mit höchster Präzision wiederholen kann, gäbe es keine Szenen, in denen mehrere Klone gleichzeitig zu sehen sind. Bei der Nachbearbeitung lassen sich dann die beiden Aufnahmen übereinanderlegen, in denen dieselbe Schauspielerin unterschiedliche Charaktere darstellt.

3.

Kathryn Alexandre ist Tatiana Maslanys Double. Sie musste lernen, Gesten und Akzent eines jeden Klons nachzuahmen, denn in den Szenen mit zwei oder mehr Klonen springt sie ein, damit Maslany mit einem Gegenüber interagieren kann.

4.

Je nachdem, welchen Klon sie gerade mimt, bleibt Maslany die ganze Zeit über in der Rolle und behält Persönlichkeit und Akzent auch außerhalb der Aufnahmen bei.

5.

Cosima Niehaus, den genialen Klon, gibt es tatsächlich. Die Autoren haben sie Cosima Herter nachempfunden, einer Doktorandin der University of Minnesota, die für *Orphan Black* als wissenschaftliche Beraterin tätig ist.

6.

Es existiert eine eigene Modekollektion zu *Orphan Black*: Beispielsweise gibt es ein Shirt, auf dem Helenas Narben abgebildet sind, oder ein Kleid mit einem Doppelhelix-Druck, das von Cosima getragen wird.

7.

In *Orphan Black* tauchen verschiedene literarische Anspielungen auf: *Über die Entstehung der Arten* von Charles Darwin wird mehrfach erwähnt, wie auch *Die Insel des Dr. Moreau* von H.G. Wells. Der Bahnhof Huxley Station aus der allerersten Folge ist eine Anspielung auf den Schriftsteller Aldous Huxley (*Schöne neue Welt*).

8.

Tatiana Maslany hat schon einige merkwürdige Geschenke von Fans erhalten, das seltsamste war jedoch eine Matrjoschka-Puppe, die in sich die wichtigsten Klone der Serie verbirgt. Die größte stellt Sarah dar, dann folgen, immer kleiner werdend, Alison, Cosima, Helena und Rachel.

9.

Orphan Black spielt in Kanada, aber die Autoren vermeiden es sehr penibel, das deutlich zu machen, um den Identifikationsfaktor für das (US-amerikanische) Publikum zu erhöhen.

10.

Die Szene am Ende der zweiten Staffel, bei der alle Klone in einem Raum tanzen, dauert nur zwei Minuten – aber für den Dreh wurden zwei Tage benötigt.

STAR TREK

Erstausstrahlung:
    Klassische Serie: 1966 (USA) bzw. 1972 (Deutschland)
    Das nächste Jahrhundert: 1987 (USA) bzw. 1990
    (Deutschland)
Staffeln: 3 (Klassische Serie), 7 (*Raumschiff Enterprise –
    Das nächste Jahrhundert*) sowie 4 weitere Spin-off-Serien
    und insgesamt 13 Filme.
Gesamtdauer Binge-Watching: 8 Tage, 8 Stunden und
    50 Minuten
    Klassische Serie: 2 Tage, 17 Stunden und 50 Minuten
    Das nächste Jahrhundert: 5 Tage, 15 Stunden
Inhalt: Die Menschheit hat die Sterne erreicht und ist Teil
    der Vereinten Föderation der Planeten, einer politischen
    Leitorganisation, der viele Weltraumvölker angehören.
    Die Besatzung des Raumschiffs Enterprise – ursprünglich
    bestehend aus u. a. Captain Kirk (William Shatner), dem
    Wissenschaftsoffizier Spock (Leonard Nimoy) und dem
    Arzt Leonard McCoy (DeForest Kelley), später aus
    Captain Picard (Patrick Stewart), dem Androiden Data
    (Brent Spiner) und dem Ersten Offizier Commander Riker
    (Jonathan Frakes) – ist »viele Lichtjahre von der Erde
    entfernt unterwegs [...], um fremde Welten zu entdecken,
    unbekannte Lebensformen und neue Zivilisationen. Die
    Enterprise dringt dabei in Galaxien vor, die nie ein
    Mensch zuvor gesehen hat.«

Ein Band über die Wissenschaft in TV-Serien wäre nicht vollständig ohne eine der beliebtesten Science-Fiction-Serien der Welt: *Star Trek*, oder *Raumschiff Enterprise*, wie die Serie im deutschen Fernsehen hieß. Das Universum der Enterprise wird 2016 geschlagene 50 Jahre alt. Gefeiert wird zum einen mit der dritten Episode der Neuauflage auf der Leinwand (*Star Trek Beyond*), zum anderen mit einer neuen Serie, die jedoch erst 2017 anlaufen soll. Am 8. September 1966 lief auf dem US-amerikanischen Sender NBC zum ersten Mal die klassische Serie von *Raumschiff Enterprise*. Erfunden wurde sie von Gene Roddenberry, der sich von einer erfolgreichen Western-Serie aus jenen Tagen inspirieren ließ: *Wagon Train*.

Die intergalaktischen Abenteuer von Kirk, Spock und McCoy – und den anderen Mitgliedern der Kernbesatzung, Sulu (George Takei), Uhura (Nichelle Nichols), Scotty (James Doohan) und Chekov (Walter Koenig) – liefen schon während der zweiten Staffel Gefahr, abgesetzt zu werden, doch eine Petition der Fans überzeugte den Sender, die Serie weiter zu produzieren. Obwohl sie 1969 dennoch ihr Ende fand, nahm die Zahl der *Trekkies*, der Fans von *Star Trek*, unaufhaltsam zu, da NBC entschieden hatte, die Rechte für die Ausstrahlung der alten Folgen an jeden zu verkaufen, der sich dafür interessierte. Einige Kinofilme und eine Zeichentrickserie später kehrte in den achtziger Jahren die Enterprise ins Fernsehen zurück, zunächst mit *Raumschiff Enterprise – Das nächste Jahrhundert* (*Star Trek: The Next Generation*, kurz TNG) und einer neuen Besatzung, und anschließend mit bislang drei Spin-off-Serien (*Deep Space Nine*, *Voyager*, *Enterprise*). Im Laufe der Jahrzehnte hat die Serie ein wahres Feuerwerk futuristischer Technologie abgefackelt und so manches Mal Geschichte geschrieben. Die Theorien einiger Physiker sind von *Star Trek* inspiriert, wie etwa die brillante Idee, schneller durch den Weltraum zu reisen als das Licht.

WIE SCHNELL IST
DIE WARP-GESCHWINDIGKEIT?

Albert Einstein hat bereits in der Relativitätstheorie festgehalten, dass es unmöglich sei, sich schneller fortzubewegen als mit rund 300 000 Kilometern pro Sekunde (siehe Kapitel 3). Dennoch stellt die Welt der Science-Fiction alles Mögliche an, um diese Grenze offen infrage zu stellen. Als die Enterprise zum ersten Mal auf unseren Bildschirmen erscheint, kann sie bereits die sogenannte *Warp-Geschwindigkeit* erreichen, das heißt, die Besatzung des Schiffes kann mit mehrfacher Lichtgeschwindigkeit reisen. (In *Raumschiff Enterprise – Die nächste Generation* ist dann eine weit mehr als tausendfache Lichtgeschwindigkeit möglich.)

In der Serie gilt die Erfindung des unglaublichen Warp-Antriebs – die dem fiktiven Wissenschaftler Zefram Cochrane zugeschrieben wird – als Signal dafür, dass die Menschheit die Fähigkeit erreicht hat, zwischen den Sternen zu reisen, und daher bereit ist, die anderen Völker kennenzulernen, die unsere Galaxis bewohnen. Dieser Durchbruch führt auch zur Gründung der *Vereinten Föderation der Planeten*, ihre »Weltraum-Marine« nennt sich *Sternenflotte*. Die Überlichtgeschwindigkeit ist absolut notwendig, um eine kosmische Organisation koordinieren zu können, berichtet Lawrence M. Krauss in seinem Buch *Die Physik von Star Trek* (1996). Sollten sich nämlich die Schiffe der Sternenflotte mit annähernder Lichtgeschwindigkeit von ihrem Hauptquartier entfernen, würden die Uhren an Bord langsamer laufen und bei ihrer Ankunft am Ziel befänden sich die Schiffe – gegenüber dem Hauptquartier – in der Vergangenheit. Kommunikation wird ganz schön schwierig, wenn relativistische Effekte überwunden werden müssen, oder?

Man brauchte also eher eine Vorrichtung, mit der die Zeit unangetastet bleibt und die in erster Linie auf den Raum einwirkt – und so gestattet, die von Einstein errichtete Barriere zu durchbrechen. Science-Fiction à la *Star Trek*? Zumindest bis zu einem gewissen Punkt: 1994 hat ein theoretischer Physiker aus Mexiko namens Miguel Alcubierre in der Zeitschrift *Classical and Quantum Gravity* ein wissenschaftlich erhärtetes Äquivalent des Warp-Antriebs beschrieben, den *Alcubierre-Antrieb*. Die Inspiration dazu stammte in der Tat aus der Fernsehserie, und seine Funktionsweise besteht darin, das Gewebe des Raums zu verzerren (engl. »to warp«). Der Pilot befindet sich dabei in einer sogenannten Warp-Blase, in der die Zeit ganz normal abläuft. Während sich die Blase fortbewegt, wird die Raumzeit vor ihr komprimiert und hinter ihr wieder expandiert.

Man kann das auch ganz konkret veranschaulichen. Hierzu nehmen wir ein Gummiband und trennen es an einer Stelle auf, um ein langes gerades Stück Gummi zu erhalten. Dieses Gummi fixieren wir jeweils an seinen Enden mit einer Reißzwecke auf einem Holzbrett. Es sollte gespannt sein, aber nicht allzu straff. Schließlich markieren wir noch mit einem Filzstift einen Punkt auf dem Gummi in der Nähe eines der Enden. Wir können uns jetzt vorstellen, dass wir uns genau auf diesem eingezeichneten Punkt befinden und das andere Ende des Gummis erreichen wollen. Nun können wir entweder Schritt für Schritt die ganze Länge abschreiten, oder aber wir nutzen den Alcubierre-Antrieb und nehmen eine Abkürzung. Hier fassen wir das Gummi an der markierten Stelle und ziehen es – ohne es dabei zu krümmen – in Richtung unseres Zielpunktes. Hinter unserer Position wird das Gummi, also der Raum, gespannt und folglich ausgedehnt, während es vor unseren Fingern zusammengedrückt, also komprimiert wird: Der Abstand zwischen uns und unserem Ziel wird so deutlich verkürzt (sofern das Gummi nicht reißt).

Es ist in etwa so, als würde die Warp-Blase auf dem Kamm einer Welle reisen, die die Oberfläche des Weltraums kräuselt und dabei die Blase nach vorne trägt, auf ihr Ziel zu. Alcubierre meint, diese Lösung respektiere die von Einstein aufgestellten Grenzen:

Örtlich betrachtet reist ein solches Raumschiff immer unterhalb der Lichtgeschwindigkeit, während es *global* – oder eher universell – betrachtet in der Lage wäre, unglaubliche Distanzen in sehr kurzer Zeit zu überwinden und dabei sogar die Photonen, also das mit Lichtgeschwindigkeit reisende Licht, zu überholen.

Rein theoretisch geht demnach mit dem Alcubierre-Antrieb alles glatt, aber streng physikalisch betrachtet könnte es hier und da ein Problem geben. Um eine derartige Verzerrung des Raums zu bewerkstelligen, bräuchte man sogenannte exotische Materie (mit negativer Masse oder Energie, die man auch für die Öffnung eines Wurmlochs benötigt, siehe Kapitel 3), über die sich die Wissenschaft alles andere als einig ist. Glaubt man jedoch dem mexikanischen Physiker, könnte man das Dilemma auflösen. Und zwar, indem man sich auf das stützt, was wir bereits über negative Energie wissen, und den *Casimir-Effekt* nutzt.

1948 hat der niederländische Physiker Hendrik Casimir ausgehend von der Quantenmechanik (siehe Kapitel 2) eine außergewöhnliche Vorhersage gemacht: Stellt man im Vakuum zwei Metallplatten parallel nebeneinander, die keine elektrische Ladung tragen, sich aber sehr nahe sind, ziehen sie sich gegenseitig an. Der Grund dafür ist, dass sich in dem schmalen Zwischenraum sehr viele virtuelle Teilchen befinden, die ununterbrochen erscheinen und verschwinden: Elektronen und Antielektronen entstehen und gleichen sich aus (vielmehr kommt es zur sogenannten Annihilation, wie wir gleich sehen werden), und das innerhalb kürzester Zeiträume. Diese brodelnde Aktivität erzeugt im Alltag rings um uns einen gewissen Druck, der auch bei dem oben beschriebenen Experiment wirkt. Da der Raum zwischen den Platten aber äußerst gering ist, fällt der Druck zwischen ihnen ebenfalls viel geringer aus als auf der Außenseite der Platten. Im Spalt entsteht folglich ein Unterdruck, der die beiden Oberflächen zusammenzieht.

Casimirs Theorie ist seit 1948 schon mehrfach experimentell bestätigt worden, doch ist damit das Problem des Warp-Antriebs keinesfalls gelöst, da sich der Casimir-Effekt nur im äußerst kleinen Maßstab beobachten lässt. Ein Experiment im Los Alamos National Laboratory hat 1997 nachgewiesen, dass die erzeugte Anziehungskraft einem Dreißigtausendstel des Gewichts einer Ameise entspräche – so Michio Kaku in *Die Physik des Unmöglichen*. Das ist nun wirklich nicht genug, um den Raum zu verzerren und ein Raumschiff von der Größe der Enterprise durchs Weltall zu tragen. Wenngleich also verschiedene Wissenschaftler bestätigen, dass sie an einem Warp-Antrieb arbeiten, ist die NASA bisher der Meinung, dass es sich dabei um eine eher unwahrscheinliche Unternehmung handelt.

In *Star Trek* hingegen bezieht der von Cochrane erfundene Warp-Antrieb seine Energie aus einem Materie-Antimaterie-Reaktor, in dem ein Prozess namens *Annihilation* abläuft. In der Natur existiert für jedes Teilchen auch ein Antiteilchen, ein subatomarer Bestandteil mit gleicher Masse und entgegengesetzter Ladung. Das Antiteilchen des Elektrons wäre beispielsweise das Positron, während dem Proton das Antiproton entspricht. Stoßen zwei dieser gegensätzlichen Teilchen aufeinander, heben sie sich gegenseitig auf, sie *annihilieren* sich, wobei Energie freigesetzt wird. Die Annihilation eines Gramms Antimaterie mit einem Gramm Materie könnte es rein von der Energiemenge her wahrscheinlich mit der Explosion einer Atombombe aufnehmen – das wäre also keine schlechte Methode, um einen Warp-Antrieb mit Energie zu versorgen.

Das Problem mit der Antimaterie besteht nur darin, dass sie im Universum alles andere als häufig vorkommt. Antiteilchen entstehen nämlich beim Zusammenstoß von hochenergetischen Teilchen, etwa dann, wenn kosmische Strahlung auf die Erdatmosphäre trifft. Es wäre also wenig effizient, die Antiteilchen aufzulesen, die hier und da durchs Weltall trudeln, weshalb den Warp-Ingenieuren von *Star Trek* keine andere Wahl bleibt, als sie selbst herzustellen. Auf der Erde wird schon heute Antimaterie *künstlich* hergestellt, und zwar in Teilchenbeschleunigern

wie dem Large Hadron Collider (oder Großer Hadronen-Speicherring) innerhalb des Genfer CERN (Conseil Européen pour la Recherche Nucléaire), der Europäischen Organisation für Kernforschung in der Schweiz. Hier werden Teilchenbündel mit unglaublicher Geschwindigkeit zum Kollidieren gebracht. Leider beläuft sich die Gesamtmenge der je im CERN produzierten Antimaterie auf wenig mehr als 10 Nanogramm, was in etwa dem durchschnittlichen Gewicht einer einzelnen menschlichen Zelle entspricht. Bisher erfordert die Herstellung von Antimaterie bedauerlicherweise noch Unmengen von Energie: Um ein Antiproton zu produzieren wird viel mehr Energie verbraucht, als wir aus der Annihilation mit einem Proton gewinnen könnten. Wie wurde dieses Problem auf der Enterprise gelöst? Im Universum von *Star Trek* gibt es praktische Geräte, die auf Knopfdruck ein Teilchen in sein Antiteilchen konvertieren können. Zu schön, um wahr zu sein.

WANN ERFINDEN WIR ENDLICH DIE TELEPORTATION?

Das ist der Traum der ewig Verspäteten: Man drückt auf einen Knopf und wird augenblicklich an einen anderen Ort verfrachtet. So etwas ist allerdings auch ganz praktisch, wenn man im Handumdrehen eine ganze Gruppe von Weltraum-Abenteurern auf den Heimatplaneten einer außerirdischen Spezies transportieren muss. Trotz einer kleinen Fehlfunktion hier und da (und daraus resultierender interessanter Handlungsstränge) hat sich die Teleportation auf der Enterprise als sehr nützlich erwiesen, um unseren Helden immer wieder die Haut zu retten.

Wie funktioniert ein solcher Mechanismus? In *Die Technik der U.S.S. Enterprise* erklären Rick Sternbach und Michael Okuda es ungefähr so: Der Vorgang, um eine Person an einen bestimmten Ort zu »beamen«, läuft in verschiedenen Phasen ab. Als Erstes machen die auf molekularer Ebene arbeitenden Scanner eine Art Quantenaufnahme des zu transportierenden Objekts. Anschließend wird es entmaterialisiert, das heißt, in einen freien Strom subatomarer Materie zerlegt. Dieser Materiestrom wird kurze Zeit in einem Zwischenspeicher abgelegt, um den Doppler-Effekt zwischen Ausgangsort und Zielpunkt zu kompensieren, aber auch als Sicherheitsmechanismus für den Fall, dass während des Transports etwas schiefgeht. Zuletzt wird der Materiestrom an den Zielort übertragen, wo das gebeamte Objekt wieder korrekt zusammengesetzt wird.

Kurz gesagt schnappt sich der Transporter in *Star Trek* alle Teilchen, aus denen wir aufgebaut sind, macht einen einheitlichen Brei daraus und schickt diesen mit den genauen Anweisungen, wie diese Einzelteile wieder zusammenzusetzen sind, auf die Oberfläche eines Planeten. Um die 10^{28} Atome (das ist eine 1 gefolgt von 28 Nullen), aus denen unser Körper besteht, zu *entmaterialisieren*, müsste man – so die Theorie von Lawrence Krauss in *Die Physik von Star Trek* – unsere Zellen auf etwa 1000 Milliarden Grad erhitzen. Nur zum Vergleich: Der Kern der Sonne ist rund eine Million Mal kälter. Das allein würde horrende Mengen an Energie verschlingen (ganz zu schweigen von unseren knusprig gebratenen Zellen). Wenn man jetzt noch bedenkt, dass der Materiestrom zwar nicht ganz mit Lichtgeschwindigkeit, aber doch extrem schnell an seinen Zielort übertragen werden muss – die hierfür benötigte Energie wäre etwa zehntausendmal so hoch wie der aktuelle Energieverbrauch der gesamten Erde. Ganz zu schweigen von der Rekonstruktion des Körpers, Molekül für Molekül, für die es noch keine wissenschaftliche Basis gibt. Gemäß der Heisenberg'schen Unschärferelation wäre es nämlich schon beim anfänglichen Abtasten für den Transport unmöglich, den genauen Zustand jedes einzelnen Teilchens unseres Körpers zu ermitteln.

Die Teleportation hat ihre Grenzen in der echten Welt auf einem anderen Gebiet: in der Quantenmechanik. Demnach würde nicht die Materie transportiert, sondern nur die Information. Wie in Kapitel 2 zu sehen war, folgen die Teilchen auf subatomarer Ebene nicht den Gesetzen der klassischen Physik. Also kann beispielsweise ein Teilchen in einem bestimmten Moment zwei unterschiedliche Zustände einnehmen, da es anhand aller seiner möglichen Zustände beschrieben wird. Nehmen wir etwa ein Elektron: Üblicherweise kann es im Uhrzeigersinn oder entgegen dem Uhrzeigersinn rotieren (eine Eigenschaft, die *Spin* genannt wird). Quantenmechanisch betrachtet besagt sein Zustand, dass es in beide Richtungen gleichzeitig rotiert. Das ist eine sogenannte *quantenmechanische Überlappung* oder *Superposition*, die so lange besteht, bis man tatsächlich misst, in welche Richtung es sich nun dreht. Im selben Moment kollabiert das Elektron in einen der beiden Zustände.

Und das ist erst der Anfang, denn als Nächstes müssen wir das Phänomen namens *Quantenverschränkung* berücksichtigen. Zwei Teilchen können nämlich so miteinander verbunden sein, dass sie dieselbe quantenmechanische Überlappung aufweisen. Das ist etwa der Fall, wenn wir zwei Elektronen *verbinden* und sie dann extrem weit voneinander entfernen, ohne dass sie mit anderen Teilchen interagieren. Unsere beiden Elektronen haben einen Spin von null, da die Wahrscheinlichkeit für eine Drehung *im* Uhrzeigersinn dieselben 50 Prozent beträgt, die auch für die Drehung *entgegen* dem Uhrzeigersinn gelten. Messen wir nun also den Spin des einen: Es kollabiert in einen Zustand, und wir können feststellen, dass es sich im Uhrzeigersinn dreht. Schneller als das Licht kollabiert daraufhin auch der Zustand des anderen Elektrons, und da sie *verschränkt* sind, wissen wir, dass es sich entgegen dem Uhrzeigersinn dreht. Als wären sie über die große Entfernung hinweg mit einem unsichtbaren Faden verbunden.

Das klingt nun nicht sonderlich beeindruckend, aber 1993 ist es einer Forschergruppe von IBM gelungen, nachzuweisen, dass es physikalisch möglich ist, die Informationen eines Teilchens über bestimmte Entfernungen hinweg zu »teleportieren«. Inzwischen ist das auch mit Photonen und Atomen gelungen, und die Distanz konnte konsequent erhöht werden – bis zu einem aktuellen Rekord von 143 Kilometern. Aber was geschieht da? Nehmen wir einmal ein Atom A und ein Atom C, entfernen sie ein paar Meter voneinander und versuchen nun eine Eigenschaft des einen auf das andere zu übertragen. Dazu holen wir aus unserem Baukasten ein drittes Atom, genannt B, das wir mithilfe der entsprechenden Techniken mit Atom C verschränken. Indem man A mit B in Kontakt kommen lässt, verändert sich der Zustand von B, was sich wiederum auch auf das mit ihm verschränkte Atom C überträgt. Der ursprüngliche Informationsgehalt hat sich also ohne direkten Kontakt von A auf C übertragen, ganz wie wir es vorhatten.

Und das hilft uns dabei, dem Teleportieren von Menschen näher zu kommen? Der bereits erwähnte Krauss ist sehr skeptisch, weil es für das Funktionieren des quantenmechanischen »Beamens« notwendig ist, dass die quantenmechanischen Ausgangszustände mit großer Präzision vorbereitet werden und dass das System insgesamt während des ganzen Vorgangs von der Umwelt isoliert bleibt. Er verweist darauf, dass wir schließlich nicht einfach quantenmechanische Objekte sind, sondern dass ein Mensch eine äußerst komplexe Konfiguration zahlreicher Teilchen darstellt, die so häufig miteinander und mit ihrer Umwelt interagieren, dass alle quantenmechanischen Korrelationen und Verschränkungen rasch vernichtet werden.

WIE FUNKTIONIERT EIN TRAKTORSTRAHL?

Bei *Star Trek* wird immer wieder der berühmte Traktorstrahl eingesetzt, um Ladungen oder Shuttles näher an die Enterprise zu ziehen oder sogar um feindliche Raumschiffe an der Flucht zu hindern. Auch in den eigenen vier Wänden könnte so etwas nützlich sein, etwa wenn man es sich gerade auf der Couch gemütlich gemacht hat, nur um festzustellen, dass die Fernbedienung noch am Fernseher liegt. Auf Knopfdruck würde der Traktorstrahl den gewünschten Gegenstand bis in unsere Hand gleiten lassen. Wie realistisch ist eine solche Erfindung?

Bevor wir uns über die Technologie den Kopf zerbrechen, sollten wir vielleicht einen Blick auf die physikalischen Voraussetzungen werfen. Denken wir uns den Traktorstrahl als einen Faden, der zwei Gegenstände miteinander verbindet: uns und die Fernbedienung. Sobald wir an dem Faden ziehen, bewirkt die von uns ausgeübte Kraft, dass die Fernbedienung in unsere Richtung bewegt wird. Das funktioniert, weil wir uns auf der Erde befinden und außerdem fest auf der Couch sitzen. Stünden wir hingegen auf einer großen Eisscholle und versuchten, den Fernseher mitsamt seinem Möbelstück an dem Faden zu uns herzuziehen, hätten wir plötzlich ganz andere Probleme: Der schwere Gegenstand würde sich vielleicht ein Stück in unsere Richtung bewegen, aber wir würden uns auch auf ihn zubewegen. Diese Situation ist schon eher mit der im Weltraum vergleichbar. Daher muss auch die Enterprise, wenn sie Gegenstände mit einer sehr großen Masse in ihre Richtung ziehen will, irgendwie den dadurch verursachten Schub ausgleichen. Schalten Kirk und Picard etwa heimlich den Warp-Antrieb an, wenn sie ein romulanisches Shuttle fangen wollen?

Richten wir den Blick einmal auf den Bereich des wirklich

Winzigen. Hier sind Forscher tatsächlich dabei, Strahlen zu entwickeln, mit denen man Materie manipulieren kann. Eines der Gebiete, auf dem die meisten Hoffnungen ruhen, befasst sich mit den *Bessel-Strahlen*, die in der Regel als eine Art optische Pinzette verwendet werden, um mikroskopische Objekte festzuhalten und zu bewegen. Ihr Funktionsprinzip ist recht simpel, da es sich um Laserstrahlen handelt (kohärente Lichtbündel). Anders als die üblichen punktförmigen Laser sind die Bessel-Strahlen konzentrisch, was ihnen eine besondere Eigenschaft verleiht: Treffen sie auf ein Teilchen, werden sie nämlich nicht auf ihre Quelle zurückgeworfen, sondern bilden sich hinter dem Gegenstand neu, sie heilen sich also gewissermaßen selbst. Das bewirkt, dass ein sehr kleines Objekt im Laserstrahl quasi »gefangen« wird und so manipuliert werden kann. Genau das haben 2011 Forscher des Data Storage Institute in Singapur geschafft und in der Zeitschrift *Physical Review Letters* beschrieben. Indem sie einige Eigenschaften des Lasers variiert haben, konnten sie ein winziges Partikel zur Quelle des Lasers hinziehen.

Dieses Ergebnis ist unlängst auch von einer anderen Forschergruppe bestätigt und in *Nature Photonics* veröffentlicht worden. Wissenschaftlern von der Australian National University ist es gelungen, mithilfe eines Lasers, der im Inneren dunkel und an den Rändern sehr hell ist, Teilchen mit einem Durchmesser von 0,2 Millimetern bis zu 20 Zentimeter weit zu bewegen. Der Knackpunkt war in diesem Fall die Wärme. Denn wenn der Laser auf die Oberfläche des Teilchens trifft, erwärmt sich dieser Bereich. Dasselbe passiert mit der darüberliegenden Luft, die somit das Teilchen in die entgegengesetzte Richtung drückt (man denke nur an die Luft, die aus einem Topf auf dem heißen Herd entweicht). Die Forscher regulierten den Laserstrahl und konnten so unterschiedliche Bereiche des Teilchens erwärmen, wodurch es auf die Quelle zu oder von ihr weg gelenkt werden konnte.

Sind wir also nur noch einen Schritt von einem *Star Trek*-Traktorstrahl entfernt? Das ist schwer zu sagen, da ein Laserstrahl, der auch große Objekte manipulieren kann, eine gehörige Menge an Energie benötigen würde. So viel nämlich, dass der Gegenstand, den wir zu uns bewegen wollen, davon eingeäschert würde.

10 DINGE, DIE MAN ÜBER
STAR TREK WISSEN SOLLTE

1.

Was ihre ethnische Zusammensetzung angeht, war die Besatzung der klassischen Serie für die sechziger Jahre eine absolute Neuheit: ein Japaner (Sulu), ein Russe (Chekov), ein Amerikaner (Kirk), ein halber Außerirdischer (Spock) und eine afroamerikanische Frau (Uhura).

2.

Der berühmte Satz von Captain Kirk, mit dem er Montgomery Scott auffordert, ihn an Bord zu transportieren (»Beam me up, Scotty!«), ist in Wahrheit in der gesamten klassischen Serie kein einziges Mal gefallen.

3.

Der Kuss zwischen Captain Kirk und Leutnant Uhura war zwar durchaus mutig für 1968, aber es war nicht der erste Austausch von Zärtlichkeiten zwischen Menschen unterschiedlicher Hautfarbe im Fernsehen – im britischen TV-Programm hatte es das auch schon vorher gegeben.

4.

Das erste Treffen von *Trekkies* oder *Trekkern*, also von Fans der Serie, fand 1972 in New York statt. Man rechnete eigentlich nur mit ein paar Hundert Besuchern, stattdessen wurde der Ort von Tausenden Trekkies geradezu überrannt.

5.

Das erste Space Shuttle der NASA wurde 1976 als Testflugzeug konstruiert und konnte noch nicht bis in den Weltraum vordringen. Dank einer ganzen Horde US-amerikanischer Trekkies und ihrer (erfolgreichen) Petition wurde dieses erste Shuttle auf den Namen ›Enterprise« getauft.

6.

Der klassische vulkanische Gruß (bei dem in der erhobenen Hand Ring- und kleiner Finger gemeinsam von Zeige- und Mittelfinger in V-Form abgespreizt werden) wurde von Leonard Nimoy selbst erfunden, wobei er sich von der jüdischen Tradition inspirieren ließ.

7.

Klingonisch, die Sprache der Einwohner des Planeten Qo'noS, ist eine tatsächlich existierende künstliche Sprache, die der amerikanische Linguist Mark Okrand eigens für *Star Trek* entwickelt hat. Wer will, kann Online-Kurse belegen, um sie zu erlernen.

8.

Der Physiker Stephen Hawking durfte bisher als Einziger sich selbst spielen – als Gegner von Data in einer holographischen Simulation auf dem »Holodeck« der Enterprise: Sie spielen Poker mit Albert Einstein und Sir Isaac Newton.

9.

In der klassischen Serie wurde das Beamen erfunden, weil es das Budget für Spezialeffekte gesprengt hätte, die Landung des Raumschiffs auf den verschiedenen Planeten darzustellen.

10.

Patrick Stewart (Captain Picard) war so sehr davon überzeugt, dass das Remake ein Flop werden würde, dass er während der ersten Drehwochen aus dem Koffer lebte, da er meinte, er müsse ohnehin jeden Moment wieder abreisen.

TRUE BLOOD

Erstausstrahlung: 2009 (USA und Deutschland)
Staffeln: 7
Binge-Watch-Dauer: 3 Tage, 8 Stunden
Inhalt: Die Kellnerin Sookie Stackhouse (Anna Paquin) hat
keine Angst vor Vampiren. Als einer von ihnen, der
gutaussehende Bill Compton (Stephen Moyer), in der Bar
in Gefahr gerät, rettet die telepathisch begabte junge Frau
ihm sogar sein untotes Leben. Seit eine japanische Firma
das sogenannte TruBlood erfunden hat – synthetisch
hergestelltes Blut, das die ernährungstechnischen Bedürfnisse von Vampiren stillen kann –, haben die Kreaturen
der Nacht der ahnungslosen Welt ihre Existenz offenbart
und versuchen nun, mit den Menschen zu koexistieren. In
dem kleinen Südstaatenstädtchen Bon Temps, Louisiana,
verliebt sich Sookie in Bill – und droht dennoch, dem
mysteriösen Eric Northman (Alexander Skarsgård) zu
verfallen, einem weiteren Blutsauger. Sie sieht sich nicht
nur den Vorurteilen von Verwandten und Freunden
ausgesetzt, sondern gerät auch zwischen die Fronten der
verschiedenen Vampirgruppen.

Blut, qualvolle Liebschaften, magische Begierden, Sex und ziemlich viel Trash. Das sind die Zutaten von *True Blood*, das mit einer ganzen Welle anderer Serien zum Übernatürlichen sieben Jahre lang das TV-Publikum in seinen Bann gezogen hat. Vampire sind heutzutage schon nichts Besonderes mehr, aber die Grundidee hinter der Geschichte ist zweifelsohne faszinierend: Was würde geschehen, wenn die Welt auf einmal herausfände, dass Vampire wirklich existieren? Die Antwort auf diese Frage zu finden, hat der Sender HBO Showrunner Alan Ball (aus dessen Feder auch *Six Feet Under* stammt) überlassen, der sich hierfür die Romane von Charlaine Harris als Vorlage genommen hat: die *Sookie-Stackhouse-Reihe*.

Harris stellt Vampire darin als Minderheit dar, die für ihre Rechte kämpft. Einige TV-Kritiker sehen darum *True Blood* als eine deutliche Metapher für die Emanzipationsbestrebungen der Lesben- und Schwulenbewegung. Die xenophoben Slogans, die in der Serie immer wieder zu sehen sind, weisen große Ähnlichkeit zu dem auf, was auch in der Wirklichkeit oft zu hören oder zu lesen ist. »God hates fangs« (»Gott hasst Vampire«) erinnert beispielsweise deutlich an »God hates fags«, wobei das unerfreuliche Wortspiel auf der lautlichen Nähe von *fang*, Reißzahn, und *fag* basiert, einer sehr abwertenden Bezeichnung für Homosexuelle. Obwohl *True Blood* jahrelang als eine der LSBTTIQ-freundlichsten TV-Serien galt, hat Showrunner Alan Ball, der aus seiner Homosexualität keinen Hehl macht, diesen Vergleich als zu banal abgetan: Wäre das tatsächlich der Fall, müsste man die Sendung als mindestens genauso homophob bezeichnen, immerhin sind die Vampire grundsätzlich gefährlich. Sie morden und haben keine Spur von Moral. Und daran besteht kein Zweifel.

KANN MAN SYNTHETISCHES BLUT HERSTELLEN?

Die TV-Serie, die von Sookie, Bill und der übrigen Bande erzählt, wäre ohne den wissenschaftlichen Fortschritt undenkbar. Gemeint ist damit natürlich die Erfindung von *TruBlood*, einem Getränk, das wie unser »echtes Blut« Kreaturen ernähren kann, die sich für ihr Überleben am Menschen gütlich tun müssen: Vampire. TruBlood gibt es in verschiedenen Geschmacksrichtungen, oder besser gesagt: in verschiedenen Blutgruppen und Rhesusfaktoren. Es wird in Flaschen zu etwa 45 Dollar das Stück verkauft und in der Regel warm serviert, um die 37 °C. Es hat so gut wie nichts mit dem Getränk gemeinsam, das HBO als Werbung für die Serie tatsächlich auf den Markt gebracht hat und das sich als ein leicht saures, mit Kohlensäure versetztes Gebräu auf der Basis von süßen Blutorangen entpuppte.

Doch Spaß und kreatives Marketing beiseite: Die Herstellung von künstlichem Blut steht tatsächlich sehr weit oben auf der Liste von Wissenschaftlern aus der ganzen Welt. Eine unbegrenzte Menge an Blutkonserven zur Verfügung zu haben, ohne auf die Selbstlosigkeit von Spendern angewiesen zu sein, könnte gerade in der Behandlung von Notfällen und Bluterkrankungen enorme Auswirkungen haben.

Bevor wir jedoch auf das Ersatzprodukt zu sprechen kommen, sollten wir noch einen Blick auf das Original werfen: Was ist eigentlich Blut? Es wird als das einzige flüssige Gewebe unseres Körpers bezeichnet und macht etwa 8 Prozent unseres Gewichts aus. Blut besteht zu rund 55 Prozent aus Plasma (dem flüssigen Anteil des Blutes, in dem Wasser, Proteine, Nährstoffe, Hormone und Abfallstoffe des Stoffwechsels enthalten sind), zu 1 Prozent aus weißen Blutkörperchen (den Zellen unseres Immunsystems) und Blutplättchen (die für die Blutgerinnung zuständig sind) sowie zu etwa 44 Prozent aus roten Blutkörperchen (den Erythrozyten, den eigentlichen Blutzellen).

Die Zahl der roten Blutkörperchen, die durch unseren Körper wandern, ist enorm: Ein Kubikmillimeter Blut enthält schätzungsweise 5 Millionen Erythrozyten. Das ist auch gut so, denn diese Zellen sind von essenzieller Bedeutung. Dank ihnen wird der Sauerstoff, ohne den unser Körper nun einmal nicht funktioniert, selbst in den entlegensten Winkel unseres Organismus transportiert, während das überschüssige Kohlendioxid in die Lunge zurückgebracht wird, wo wir es ausstoßen können. Im Inneren der roten Blutkörperchen findet sich eine hohe Konzentration von *Hämoglobin*, einem besonderen Protein, das nicht nur den Blutzellen ihre typische rote Farbe verleiht, sondern auch vier Eisenatome enthält, die ebenso viele Sauerstoffmoleküle (O_2) an sich binden können. Da ein einziges rotes Blutkörperchen etwa 300 Millionen Hämoglobinmoleküle mit sich herumträgt, kann es mehr als eine Milliarde Sauerstoffmoleküle binden. Insgesamt erlauben es uns diese kleinen Transportproteine, an einem Tag rund 600 Liter Sauerstoff einzuatmen (das schätzt zumindest die NASA). Jede einzelne dieser kleinen Zellen entsteht im Knochenmark und lebt etwa 120 Tage lang in unserem Blutkreislauf, bevor sie üblicherweise in der Milz und in der Leber abgebaut wird.

Wie erwähnt, handelt es sich bei dem fiktiven TruBlood um eine perfekte Kopie des Blutes in all seinen verschiedenen Varianten (die allem Anschein nach für den Gaumen eines Vampirs unterschiedlich schmecken). Jedes rote Blutkörperchen hat bestimmte Eigenschaften: An seiner Oberfläche können sich *Antigene* befinden, und zwar entweder eines, gar keines oder mehrere. Es handelt sich dabei um Moleküle, die unsere Antikörper identifizieren können. Wenn wir eine Bluttransfusion erhalten, muss daher das Blut des Spenders mit unseren roten Blutkörperchen kompatibel sein (also derselben *Blutgruppe* angehören), um nicht von unseren Antikörpern angegriffen und zerstört zu werden. Obwohl es viele verschiedene Blutgruppen gibt, werden sie hauptsächlich nach dem *AB0-System* (mit den Varianten 0, A, B und AB) und dem *Rhesusfaktor* (Rh+ und Rh-) eingeteilt.

Jetzt haben wir einen Eindruck davon, was Blut eigentlich ist. Wenden wir uns nun der Frage zu, ob man es so nachahmen könnte, wie *True Blood* es uns vormacht. In der Serie wird uns ein perfektes synthetisches Duplikat des menschlichen Blutes präsentiert, aber die Wissenschaft auf unserer Seite des Bildschirms ist davon noch weit entfernt. Im Augenblick konzentriert sie sich auf die Entwicklung eines Ersatzproduktes, das zunächst nur eine seiner vielen Funktionen übernehmen kann: den Transport von Sauerstoff. Das wird auf zwei Arten angestrebt. Einerseits werden chemische Substanzen erforscht, die nichts mit Blut gemeinsam haben, außer dass sie Verbindungen mit Sauerstoffmolekülen eingehen können; andererseits orientiert man sich an der Biologie, indem man entweder Tierblut verwendet oder aber versucht, menschliche rote Blutkörperchen künstlich herzustellen.

Im chemischen Bereich haben sich die bisher meistversprechenden Forschungen auf eine bestimmte Klasse von Kohlenstoffverbindungen konzentriert. Die Moleküle dieser *Perfluorcarbone* (PFC) setzen sich aus Fluor und Kohlenstoff zusammen, wie etwa im Falle von Perfluordecalin, und sind in der Lage, die Sauerstoffaufnahme und -abgabe des Hämoglobins nachzuahmen. Es handelt sich dabei jedoch um Stoffe, die sich nicht mit dem Blut vermischen, weswegen sie in Wasser emulgiert und anschließend zusammen mit Antibiotika, Vitaminen, Nährstoffen und Salzen in den Blutkreislauf eingeführt werden müssen. Nur so kann man annähernd dieselbe Mischung erreichen, die auch in echtem Blut vorliegt. Obwohl PFC-Stoffe etwa vierzigmal kleiner sind als Hämoglobin, können sie ein Vielfaches an Sauerstoff transportieren (weswegen sie von wenig aufrichtigen Sportlern eingesetzt werden, die mit solchem Doping ihre Leistung erhöhen wollen). Allerdings werden sie innerhalb von 48 Stunden vollständig über die Atmung ausgesondert. Bisher war der Erfolg im klinischen Bereich eher bescheiden, aber die Forschung wird weiter vorangetrieben.

Eine machbare Alternative stellt hingegen Ersatzblut auf Hämoglobinbasis dar. Eines dieser Produkte, Hemopure, wird seit einigen Jahren in Südafrika gelegentlich als Spenderblutersatz eingesetzt. In den Vereinigten Staaten und Europa befindet es sich jedoch noch in der Testphase, weil Zweifel an der Sicherheit des Medikaments bestehen. Hemopure stammt aus dem Hämoglobin von Rindern, das stabilisiert und anschließend in Kochsalzlösung aufgelöst wird. Angaben vom Hersteller OPK Biotech zufolge ist es bei Raumtemperatur 36 Monate lang haltbar, mit sämtlichen Blutgruppen kompatibel und vollkommen frei von Krankheitserregern.

Die interessanteste Lösung, die auch am nächsten an der *True Blood*-Variante dran ist, befasst sich hingegen mit der Nachbildung von tatsächlichen Blutzellen. Um funktionale rote Blutkörperchen zu erhalten, muss man auf die inzwischen berühmten Stammzellen zurückgreifen. Diese noch unreifen Zellen haben die Fähigkeit, sich in jede Art von Gewebe auszudifferenzieren. Darunter fällt nun auch Blut, was den Vorteil hat (zumindest wenn Spender und Empfänger ein und dieselbe Person sind), dass es zu 100 Prozent kompatibel wäre. Diese Stammzellen können an unterschiedlichen Stellen entnommen werden: Man kann beispielsweise hämatopoetische Stammzellen aus dem Knochenmark des Spenders oder direkt aus dem Blut der Nabelschnur verwenden, man kann aber auch adulte Zellen künstlich reprogrammieren, um sie in ein undifferenziertes Stadium zurückzuführen (induzierte pluripotente Stammzellen); oder aber man verwendet embryonale Stammzellen, wie es 2008 in den Laboren von Ocata Therapeutics in den Vereinigten Staaten gemacht wurde, um zum allerersten Mal »künstliche« rote Blutkörperchen in größeren Mengen herzustellen.

Die erste Transfusion mit im Labor produzierten Blutzellen ist jedoch nicht in den Vereinigten Staaten durchgeführt worden, sondern 2011 an der Université Pierre et Marie Curie in Paris. Das dabei verwendete Material wurde aus hämatopoetischen Stammzellen gewonnen. Luc Douay und seine Mitarbeiter haben untersucht, welche Folgen eine Infusion von 2 Millilitern künstlichem Blut (etwa 10 Milliarden rote Blutkörperchen) haben würde: Die Zellen haben sich genauso verhalten wie das natürliche »flüssige Gewebe«, und nach 26 Tagen befand sich die Hälfte der künstlichen Zellen noch im Blutkreislauf. Das eigentliche Problem hierbei, das haben die Wissenschaftler sehr betont, besteht darin, eine ausreichende Menge an Blut herzustellen, damit diese als Transfusion einen Nutzen hat.

Die Wissenschaft sucht unterdessen weiter nach Wegen und Möglichkeiten. 2017 soll in Großbritannien erstmals eine klinische Studie zu Transfusionen mit synthetischem Blut, das aus hämatopoetischen Stammzellen gewonnen wurde, durchgeführt werden. Gesunden Freiwilligen wird hierfür eine geringe Menge künstliches Blut verabreicht, etwa in der Größenordnung einiger Teelöffel, um untersuchen zu können, welche Folgen das hat. Sollten die erhofften Ergebnisse eintreten, können wir uns langsam mit dem Gedanken anfreunden, in nicht allzu ferner Zukunft über unbegrenzte Vorräte an synthetischem Blut zu verfügen. Wir hätten dann immer ausreichende Blutkonserven, um Notfälle zu versorgen, aber auch bestimmte Erkrankungen, die ständige Bluttransfusionen notwendig machen. Während wir auf diese Zukunft warten, die in *True Blood* schon Gegenwart ist, gehen wir allerdings besser weiterhin zur Blutspende.

GIBT ES ECHTE VAMPIRE?

Sie können kein Haus betreten, in das sie nicht eingeladen wurden. Sie erleiden Verbrennungen und gehen in Flammen auf, wenn ein Sonnenstrahl sie berührt. Sie altern nicht. Sie können nur mit einem Pflock durchs Herz getötet werden. Sie erleiden Schmerzen, wenn sie mit Silber in Kontakt kommen. Sie können fliegen, sind blitzschnell, unglaublich stark und können Normalsterbliche hypnotisieren. Und das sind noch längst nicht alle Eigenschaften der Vampire in *True Blood*. Charlaine Harris, die Autorin der Sookie-Stackhouse-Bücher, hat mit vollen Händen aus dem tiefen Fundus geschöpft, in dem im Laufe der Jahrhunderte immer neue Blutsauger ihre gefährlichen Spuren hinterlassen haben.

Der Mythos des Vampirs erblickt nämlich nicht erst 1897 das Licht der Welt, als Bram Stokers Klassiker *Dracula* erscheint, und auch nicht mit der ersten Erzählung, in der von solchen Kreaturen zu lesen war (*Der Vampyr* bzw. *The Vampyre* von John Polidori, 1819). Er stammt vielmehr aus den Legenden der Balkanregion, wo angeblich immer wieder übernatürliche Kreaturen aus dem Jenseits zurückgekehrt sind, um sich am Blut der Lebenden zu laben. Besonders reizvoll ist die Geschichte des Militärarztes Johann Flückinger, der in einem offiziellen Bericht von 1732 die tragischen Begebenheiten schilderte, die sich im serbischen Dorf Medvedga ereignet hatten. Einige Zeit vor seiner eigenen Ankunft war der Soldat Arnold Paole aus dem Militärdienst in der Türkei zurückgekehrt und hatte sich wieder in seinem Heimatort niedergelassen. Er soll sich mehrmals darüber beklagt haben, dass er in der Fremde von einem Vampir heimgesucht worden sei. Paole verlobte sich mit der Tochter eines Nachbarn, starb jedoch bald bei einem Unfall. Nach seinem Tod wurde er dabei beobachtet, wie er nachts durchs Dorf schlich, sich in einen Hund verwandelte, die Bewohner attackierte und das Blut von Tieren trank. In den darauffolgenden Monaten erkrankten und verstarben mehr als zwanzig seiner ehemaligen Nachbarn auf mysteriöse Weise. Die übrigen Dorfbewohner sahen keine andere Möglichkeit, als den Leichnam Paoles zu exhumieren: Er war in einem makellosen Zustand und zeigte keine Spur von Verwesung. Aus Nase, Mund, Augen und Ohren lief frisches Blut. Sie schlossen daraus, dass es sich bei ihm um einen Vampir handeln müsse, und trieben ihm einen Pflock durchs Herz, so Flückinger. Dabei spritzte eine ganze Fontäne von Blut hervor, und ein deutlich hörbarer Seufzer entrang sich der Brust des nunmehr wirklich toten Paole. Weitere vierzig Leichname wurden später noch aus ihren Gräbern geholt und untersucht, als eine regelrechte Plage von Vampirismus zu grassieren schien, und dreizehn von ihnen konnten als Vampire identifiziert und derselben Behandlung unterzogen werden wie Paole.

Der Bericht des Arztes sorgte in Westeuropa für Aufsehen und förderte den hartnäckigen Glauben an die Existenz der Blutsauger. Die Mythen des Balkan lassen sich jedoch zumindest teilweise wissenschaftlich erklären: Es handelt sich demnach um einen Volksglauben, also um weitverbreitete Vorstellungen, die vermutlich noch aufgebauscht wurden, um die merkwürdigen (und teilweise unerklärlichen, da unerforschten) Phänomene begreiflich machen zu können, die sich nach dem Tode abspielen. So gut wie alle »realen« Fälle von Vampirismus sind nämlich auf ungewöhnliche und sonderbare Beobachtungen an ausgegrabenen Leichnamen zurückgeführt worden. So ist beispielsweise die Verwesung ein äußerst komplexer Vorgang, der von vielen Faktoren beeinflusst wird, unter anderem von der Temperatur. Man sollte sich daher eigentlich nicht wundern, wenn sich ein im Januar exhumierter Leichnam – wie etwa bei den Vampiren in Medvedga – in verhältnismäßig guter Verfassung befindet, selbst Wochen oder Monate nach dem Ableben. Auch die starke Blutung aus dem durchstoßenen Brustkorb lässt sich recht einfach erklären: Nach dem Tod füllt sich die Lunge mit einer roten, blutartigen Flüssigkeit, die geradezu darauf wartet, hervorbrodeln zu können. Eine heftige Einwirkung, wie etwa durch Pfählen, kann auch zu einem raschen Ausstoß der entstandenen Verwesungsgase führen, deren zischelnder Austritt mit einem tiefen Seufzer verwechselt werden kann. In Abhängigkeit davon, wie der Körper genau im Sarg positioniert wurde, kann die bereits erwähnte Flüssigkeit auch aus Mund, Nase und Ohren fließen und den (falschen) Eindruck erwecken, der Verstorbene hätte sich gerade erst von frischem Blut ernährt.

Kann ein Mensch wirklich Blut trinken, ohne dass es negative Folgen für ihn hat? Die Antwort lautet: Nein. Auch wenn einige von uns ihr Steak gerne blutig essen, kann das Trinken der Flüssigkeit, die üblicherweise durch unsere Adern fließt, zu einer schweren Vergiftung führen (ganz zu schweigen vom Risiko, sich mit Krankheiten wie Aids oder Hepatitis B und C anzustecken). Was unserem Organismus schadet, ist das Eisen, das sich, wie wir wissen, in hohen Konzentrationen im Hämoglobin befindet. Dieses Spurenelement ist zwar für unser Überleben unerlässlich, aber ab einer bestimmten Menge führt es zu Vergiftungserscheinungen: Der Körper ist nicht in der Lage, das überschüssige Eisen abzubauen. Es beginnt die Magenschleimhaut anzugreifen, was Schmerzen, Übelkeit und Erbrechen zur Folge hat. Wird eine zu große Menge über den Darm aufgenommen, kann es Schäden an inneren Organen wie der Leber oder dem Gehirn verursachen.

In der freien Wildbahn ernähren sich einige Tiere primär von Blut, aber das bekannteste ist sicher der gemeine Vampir (*Desmodus rotundus*), eine Fledermaus, die in Süd- und Mittelamerika heimisch ist. Sie ist etwa 9 Zentimeter lang, bei einer Flügelspannweite von bis zu 40 Zentimetern, und lebt ausschließlich vom Blut von Säugetieren (in der Regel von Nutzvieh, aber auch zu Menschenblut sagt sie nicht nein). Der gemeine Vampir schleicht sich lautlos an sein schlafendes Opfer heran und ermittelt mit Wärmesensoren in seiner Nase die Blutgefäße, die direkt unter der Haut liegen. Er entfernt mit seinen rasiermesserscharfen Zähnen störendes Fell, bevor er sie in der Haut versenkt und Blut aus der Wunde leckt. Der Speichel dieser Fledermaus enthält ein Enzym namens *Draculin* (bzw. *Desmoteplase*), das die Blutgerinnung verhindert und so das Aufsaugen des flüssigen Lebenssaftes erleichtert. Der Verdauungstrakt dieses Tierchens hat sich an seine Ernährung angepasst und gewährleistet eine schnelle und sichere Aufnahme des Blutes. Er erlaubt nur eine begrenzte Aufnahme von Eisen, um die Vergiftung zu vermeiden, und nimmt den flüssigen Teil des Blutes möglichst rasch auf, um ihn so bald wie möglich über den Urin wieder auszuscheiden. So wird das zusätzliche Gewicht der aufgenommenen Nahrung reduziert, das andernfalls das Abheben nach der Mahlzeit wortwörtlich erschweren könnte.

Im Unterschied zu den grausamen Vampirgestalten unserer Mythenwelt, die viele Charaktereigenschaften mit denen aus *True Blood* teilen, ist der *Desmodus rotundus* ein altruistisches Tier. Nicht selten würgen diese selbstlosen Vampire einen Teil der eben aufgenommenen Nahrung wieder hervor, um andere Exemplare ihrer Art zu ernähren, ohne dass zwischen ihnen ein besonderes Verwandtschaftsverhältnis bestünde. Insgesamt scheinen sie jedoch eher dazu bereit zu sein, ihr Mahl mit Fledermäusen zu teilen, die ihnen in der Vergangenheit schon einmal denselben Dienst erwiesen haben. Es sind also nicht alle Vampire egoistische Blutsauger.

10 DINGE, DIE MAN ÜBER
TRUE BLOOD WISSEN SOLLTE

1.

Die leidenschaftliche Liebesgeschichte zwischen Sookie Stackhouse und Bill Compton hat auch handfeste Auswirkungen auf die Realität gehabt: Anna Paquin und Stephen Moyer, die Darsteller der Liebenden, haben 2010 geheiratet.

2.

True Blood spielt zwar in Louisiana, und die Darsteller glänzen durch einen breiten Südstaaten-Akzent, doch sind viele von ihnen nicht einmal US-Amerikaner: Alexander Skarsgård (Eric Northman) ist Schwede, Ryan Kwanten (Jason Stackhouse) kommt aus Australien, Anna Paquin (Sookie Stackhouse) ist in Kanada und Neuseeland aufgewachsen und Stephen Moyer (Bill Compton) stammt aus England.

3.

Der Titel einer jeder Folge greift das Lied auf, das am Ende derselben Folge abgespielt wird. Im Allgemeinen beschreibt der Text dieses Lieds mehr oder weniger, was in der Folge geschehen ist.

4.

Anna Paquin hat sich 2010 als bisexuell geoutet und setzt sich seither sehr für die Anliegen der LSBTTIQ-Community ein.

5.

Die Schauspieler, die Vampire verkörpern, mussten lange üben, um mit ihren Reißzahn-Prothesen sprechen zu können. Anfangs konnte man kaum verstehen, was sie sagten.

6.

Es gibt ein *True Blood*-Kochbuch mit allen Gerichten, die in der Serie vorkommen, ganz gleich ob sie im Merlotte's oder im Fangtasia serviert wurden.

7.

Die Special-Effects-Crew hat auch an die Essgewohnheiten der Schauspieler gedacht und künstliches Blut ohne Kohlenhydrate hergestellt – für Vampire, die auf ihre Linie achten.

8.

Stephen Moyer (Bill Compton) hat sehr gut auf seine Reißzähne aufgepasst. Er besaß vier Paar, die allesamt versichert waren und jeden Tag von einem Assistenten gründlich gesäubert wurden.

9.

Jedes Mal, wenn die Schauspieler, Drehbuchautoren und Produzenten von *True Blood* an der Comic-Con in San Diego teilnahmen, organisierten sie eine Blutspende für die umliegenden Krankenhäuser.

10.

Es ist gar nicht so leicht, auszusehen wie ein Vampir. Besonders schwer haben es dabei die Maskenbildner, die bis zu fünf Stunden auf das Aussehen mancher Charaktere verwenden mussten.

AKTE X

Erstausstrahlung: 1993 (USA) bzw. 1994 (Deutschland)
Staffeln: 10 sowie 2 Filme
Binge-Watch-Dauer: 6 Tage, 12 Stunden und 44 Minuten
Inhalt: Seit seine jüngere Schwester Samantha von Aliens
   entführt wurde, widmet der FBI-Agent Fox Mulder
   (David Duchovny) sein Leben der Suche nach Beweisen
   für die Existenz außerirdischen Lebens. Daher werden
   ihm und seiner Kollegin Dana Scully (Gillian Anderson) –
   einer Medizinerin, die Mulders Objektivität beurteilen
   soll – nur Fälle zugewiesen, die nicht gelöst werden
   können: die sogenannten X-Akten. Monster, paranorma-
   le Phänomene, geheime Experimente und tödliche Viren
   werden so bald zum Alltag für die beiden Ermittler, die
   nach und nach eine Verschwörung aufdecken: Die
   Vereinigten Staaten stecken mit Außerirdischen unter
   einer Decke.

»Die Wahrheit ist irgendwo da draußen.« Das ist das Mantra der Serie *Akte X – Die unheimlichen Fälle des FBI*, die 2016 mit sechs neuen Folgen zurückgekehrt ist: Es gibt einen Weg, herauszufinden, was die Regierung vor uns verbergen will, und dieser Weg führt durch die unlösbaren Fälle. Nur die Hartnäckigkeit zweier Charaktere wie Mulder und Scully kann die Rätsel lösen, von deren Existenz wir nicht einmal wissen. Die Grundidee von Chris Carter, dem Schöpfer der Serie, ist recht einfach und spricht den Verschwörungstheoretiker in jedem von uns an.

Der Drehbuchautor, Regisseur und Produzent entdeckte seine Leidenschaft für unbekannte Flugobjekte (kurz: UFOs), als er in einer Umfrage aus den frühen neunziger Jahren las, dass 3,7 Millionen US-Amerikaner überzeugt waren, von Außerirdischen entführt worden zu sein. Er zog eine gewisse Inspiration aus der etwas älteren Serie *Kolchak: The Night Stalker* (*Der Nachtjäger*), in der ein Journalist übernatürlichen Verbrechen auf der Spur ist, und aus der Watergate-Affäre, in der gravierende Missstände in der Regierung von US-Präsident Nixon aufgedeckt wurden. Mit diesem Material konnte er den Fernsehriesen Fox nach einem anfänglichen Rückschlag schließlich überzeugen, ihm die 2 Millionen Dollar zu überlassen, die er für die Produktion des Pilotfilms benötigen würde. Dieser wurde Freitagnacht, am 10. September 1993, ausgestrahlt, und obwohl die Uhrzeit alles andere als günstig war, schalteten etwa 12 Millionen Zuschauer ein – und das sollte erst der Anfang der Erfolgsgeschichte von *Akte X* sein.

WERDEN WIR JEMALS
AUSSERIRDISCHEN BEGEGNEN?

Für Fox Mulder besteht daran kein Zweifel. Er ist fest entschlossen, an die Existenz von Aliens zu glauben und alles zu tun, um sie zu beweisen. Daher konzentrieren sich Scully und er auf neue und merkwürdige Fälle, die konkrete Hinweise zur Anwesenheit von Außerirdischen auf der Erde liefern könnten. In einem Großteil der Folgen von *Akte X* kommt daher die Formel des »Monsters der Woche« zum Tragen (die auch in *Fringe* ihre Spuren hinterlassen hat, siehe Kapitel 6): Mulder und Scully haben es mit Mutanten zu tun, die sich von Tumoren ernähren und Körperteile regenerieren können, mit Gespenstern, die Gegenstände bewegen, ohne sie zu berühren, oder halluzinogenen Pilzen, die über Menschen herfallen. Parallel zu diesem kleinen Gruselkabinett entfaltet sich der komplexere Handlungsstrang, der die Verschwörung des sogenannten Konsortiums oder Syndikats mit den Außerirdischen behandelt.

Gibt es wirklich Aliens – und sind sie womöglich bereits unter uns? Um eine Antwort auf diese Frage zu finden, wenden wir uns an einen der großen italienischen Wissenschaftler des 20. Jahrhunderts, Enrico Fermi. 1950 formulierte der berühmte Physiker während eines Mittagessens unter Kollegen der Laboratorien von Los Alamos, New Mexico, das Paradoxon, das später seinen Namen erhalten sollte. Zusammengefasst besagt es: Wenn es Außerirdische gibt, warum sind sie dann nicht hier? Fermis simple Überlegung sieht folgendermaßen aus: Die Sonne ist ein relativ durchschnittlicher Stern, und im Universum existieren Abermilliarden vergleichbarer Himmelskörper. Man kann davon ausgehen, dass sich in den Umlaufbahnen zumindest einiger dieser Sterne Planeten befinden müssen, die unserer Erde ähnlich sind. Auf diesen könnte sich demnach nicht nur Leben entwickelt haben, sondern vielleicht sogar Zivilisationen, die zu interstellaren Reisen fähig sind. Selbst wenn sie sich dabei nur mit Unterlichtgeschwindigkeit fortbewegten, schloss Fermi, müsste inzwischen der eine oder andere Außerirdische (oder zumindest irgendein Signal von ihnen) bis zu uns gelangt sein. Und doch gibt es, bis auf gelegentliche und wenig glaubhafte UFO-Sichtungen und »mysteriöse« Entführungsgeschichten, keine Spur von Aliens.

Dieses große Schweigen kann zahlreiche Gründe haben. Beispielsweise könnte die Geschichte der außerirdischen Zivilisationen so kurz gewesen sein, dass wir uns schlicht verpasst haben. Das Leben auf der Erde ist zwar vor rund 3,5 Milliarden Jahren entstanden, doch hat der *Homo sapiens* seine ersten Schritte erst vor etwa 200 000 Jahren getan, und Radiowellen werden erst seit etwa einem Jahrhundert für die Kommunikation eingesetzt. Seit der Entstehung des Universums vor circa 13,8 Milliarden Jahren hätten zahlreiche technologisch fortgeschrittene Kulturen entstehen und wieder zugrunde gehen können, während unsere Vorfahren auf der Erde gerade mühsam lernten, wie man Feuer macht. Genauso gut könnte es aber sein, dass Außerirdische am anderen Ende des Kosmos schon seit langem lauthals ihre Existenz in die Leere hinausschreien und wir sie einfach nicht gehört haben.

Dieser Gedanke kam auch Frank Drake, einem US-amerikanischen Astronom und Astrophysiker, der wie Fox Mulder davon überzeugt ist, dass die Wahrheit irgendwo da draußen sein müsse. 1960 versuchte er als Erster, mit wissenschaftlichen Methoden nach Botschaften von Außerirdischen zu suchen. Er nutzte das Observatorium in Green Bank, West Virginia, um mit einem Radioteleskop von 28 Metern Durchmesser 150 Stunden lang ins Weltall zu lauschen. Er hoffte, etwaige Signale von den rund 10 Lichtjahren entfernten Sternen Tau Ceti und Epsilon Eridani aufzufangen. Offensichtlich ging ihm kein Außerirdischer ins Netz, aber er entwickelte damit eine sehr nützliche Methode, um nach intelligentem Leben im Universum Ausschau zu halten – und nicht nur das. Im darauffolgenden Jahr organisierte Drake nämlich ein Treffen, auf dem zahlreiche Wissenschaftler zwanglos darüber diskutierten, was wohl die beste Methode sei, um mit außerirdischen Zivilisationen in Kontakt zu treten. An jenem Tag wurde SETI geboren (*Search for Extraterrestrial Intelligence*), ein Projekt, das seit mehr als einem halben Jahrhundert die Untiefen des Weltalls erforscht.

Bei der Vorbereitung des Treffens versuchte Drake, das Thema möglichst prägnant zusammenzufassen, und entwarf so die später nach ihm benannte Drake-Gleichung. Mit ihr soll überschlagen werden, wie viele außerirdische Zivilisationen (die in der Lage sind, uns Signale zu senden) augenblicklich in der Milchstraße existieren. Die Gleichung sieht folgendermaßen aus:

$$N = R_* \cdot f_p \cdot n_e \cdot f_l \cdot f_i \cdot f_c \cdot L$$

Anders formuliert: Die Anzahl möglicher außerirdischer Zivilisationen (N) ist abhängig von dem Anteil an Sternen, die im Durchschnitt in unserer Galaxie geboren werden (R_*), davon, wie viele von diesen wiederum über Planeten verfügen (f_p) und auf wie vielen dieser Planeten Leben möglich ist (n_e). Außerdem muss man in Betracht ziehen, dass nur auf einem Bruchteil davon tatsächlich Lebensformen entstanden sind (f_l), wie viele davon eine Form von Intelligenz aufweisen (f_i) und die Fähigkeit und die Absicht besitzen, mit uns zu kommunizieren (f_c). Schließlich muss auch die Lebensdauer dieser Zivilisationen berücksichtigt werden (L). Es handelt sich also nicht um eine Formel, die uns unumstößliche Antworten auf die Frage nach Außerirdischen liefern kann, sondern eher um einen theoretischen Rahmen, inwieweit Leben auf anderen Planeten vorstellbar ist.

Die Jagd nach außerirdischen Nachrichten läuft mit dem bereits erwähnten SETI-Projekt also tatsächlich seit den sechziger Jahren. Astronomische Forschungseinrichtungen auf der ganzen Welt beteiligen sich daran und überlassen dem SETI-Projekt

Beobachtungszeit an ihren mächtigen Teleskopen. Aber wie funktioniert die Suche nach einem Signal aus dem Weltall? Zunächst muss man wissen, dass die einfachste Methode, die von Wissenschaftlern verwendet wird, sich auf Radiowellen stützt – dieselben, mit denen Musik und Verkehrsnachrichten in unsere Radios transportiert werden: Man muss nur die richtige Frequenz einstellen, und schon können wir unserem Lieblingssender lauschen. Wie alle anderen Bestandteile des elektromagnetischen Spektrums (etwa diejenigen, die es euch gerade als Licht ermöglichen, diese Wörter hier zu entziffern, aber auch Mikrowellen, mit denen man eine Portion Lasagne aufwärmt), übertragen künstliche Radiowellen Informationen mit Lichtgeschwindigkeit. Wir sind jedoch nicht die Einzigen, die Radiosignale aussenden: Einige astronomische Objekte – etwa Quasare und Pulsare – strahlen natürliche Wellen dieses Typs aus. Wo wir für die Beobachtung eines Sterns mittels eines Teleskops Linsen benötigen, die das Licht auffangen und umlenken, sind wir, um den Radiowellen aus dem Weltraum zu »lauschen«, auf Radioteleskope angewiesen, deren gewaltige Schüsseln die Wellen bündeln und auf eine lange Antenne übertragen, die sie auffängt.

Diese Instrumente untersuchen das Weltall, doch wenn sie dafür gerade nicht genutzt werden, fängt man mit ihrer Hilfe »verdächtige« Geräusche auf. Das SETI-Projekt konzentriert sich dabei insbesondere auf Signale auf einem sehr schmalen Frequenzband – also in einem kleinen Bereich des Radiospektrums –, die aus dem Hintergrundrauschen der Radiowellen, das die Teleskope ununterbrochen aufzeichnen, hervorstechen. Es ist ein wenig so, als befände man sich mit seinem Auto mitten im Nirgendwo. Schaltet man das Radio ein, hört man vielleicht nur unverständliches Knacken und Rauschen, bis man die richtige Frequenz erwischt und auf einmal Gekreisch ertönt, weil man auf einen Sender gestoßen ist. Verlässt man diese Frequenz wieder, verliert man auch die Übertragung. Dasselbe kann geschehen, wenn man ein Radioteleskop auf einen Stern richtet, weil astronomische Objekte keine Radiowellen in einem derart präzisen Frequenzbereich aussenden.

So etwas hat sich tatsächlich schon einmal ereignet. 1977 fing der Astronom Jerry R. Ehman ein außergewöhnliches Signal aus dem Sternbild des Schützen auf und vermerkte neben dem Ausdruck der Messung ganz wissenschaftlich »Wow!«. Dieses *Wow!-Signal*, wie es seitdem genannt wird, hielt 72 Sekunden an, die gesamte Dauer, die das Radioteleskop auf diesen einen Bereich ausgerichtet war. Seitdem hat es sich jedoch nicht wiederholt, obwohl man zigmal in dieselbe Richtung gelauscht hat. Um von einem bestätigten *Kontakt* sprechen zu können, ist es nämlich unerlässlich, dass das Signal mehrfach und von verschiedenen Teleskopen wahrgenommen wird. Das Wow!-Signal hätte eine fabelhafte Nachricht für all jene darstellen können, die wie Fox Mulder gespannt auf den unumstößlichen Beweis für außerirdisches Leben warten. Leider ist die glaubhafteste Hypothese eine andere: Wahrscheinlich handelt es sich um ein Radiosignal von der Erde, das von irgendwelchem Weltraumschrott auf die Erdoberfläche zurückgeworfen wurde. Eine neuere Theorie besagt hingegen, es habe sich um zwei Kometen gehandelt. Aber auch das ist nur ein schwacher Trost.

Seit diesem Vorfall herrscht nur große Stille, und das SETI-Projekt hat gravierende Finanzierungsprobleme überwinden müssen. Wer will schon Geld investieren, um auf ein Signal zu warten, das höchstwahrscheinlich nie eintreffen wird? Ganz sicher nicht die NASA, die seit den neunziger Jahren keine Vorhaben mehr finanziert, die sich ausdrücklich die Suche nach intelligentem Leben im Weltraum auf die Fahnen geschrieben haben. Trotzdem hat es in der jüngsten Vergangenheit Fortschritte gegeben: Im Juli 2015 hat der russische Unternehmer und Multimilliardär Juri Milner angekündigt, 100 Millionen Dollar für die Jagd nach Aliens zu stiften.

Das privat finanzierte Projekt wurde gemeinsam mit Wissenschaftlern wie Frank Drake und Stephen Hawking ins Leben gerufen. Es gewährt den beteiligten Forschern kostbare Zeit, um ihre Teleskope in die Sterne zu richten und mit längeren Beobachtungsintervallen die Chance zu erhöhen, doch noch etwas Interessantes aufzufangen. In der Zwischenzeit kann jeder seinen kleinen Anteil leisten und Rechenzeit am eigenen Computer spenden, wenn dieser gerade nicht in Benutzung ist: Mithilfe eines kleinen Programms, das von *SETI@home* entwickelt wurde und kostenfrei heruntergeladen werden kann, führt unser heimischer PC Berechnungen für das Projekt durch. Diese dienen der Analyse von Frequenzen, die von Teleskopen auf der ganzen Welt aufgezeichnet wurden.

Was aber, wenn alle Völker der Galaxis nur lauschen und keiner selbst Signale aussendet? Das wäre in der Tat ein ziemliches Problem, denn so kann man nicht kommunizieren. Aus genau diesem Grund sind einige Wissenschaftler der Meinung, wir müssten auch Nachrichten in den Weltraum schicken, in der Hoffnung, dass jemand sie empfängt. Das wurde 1972 und 1973 bereits mit Plaketten versucht, die sich an Bord der Weltraumsonden Pioneer 10 und Pioneer 11 befanden. Diese beiden Flugkörper wurden ausgesandt, um die Planeten am Rande des Sonnensystems zu erforschen und es anschließend ganz hinter sich zu lassen. Es handelte sich bei den Plaketten um je eine mit Gold überzogene Aluminiumplatte, die unter anderem von Carl Sagan und Frank Drake konzipiert wurde. Darauf sind die Darstellung einer nackten Frau und eines nackten Mannes, die Position der Erde innerhalb des Sonnensystems und die der Sonne innerhalb der Galaxie sowie weitere Informationen zu unserem Planeten abgebildet. Ganz ähnlich gestaltete sich auch die berühmte *Arecibo-Botschaft*, die 1974 vom gleichnamigen Radioteleskop auf Puerto Rico ausgestrahlt wurde. Hierbei wurde ein binär codiertes Signal verwendet, das Informationen über unsere DNA (wie etwa die chemischen Elemente, aus denen sie besteht, und ihre Struktur), eine stilisierte menschliche Gestalt, Daten zur Erdbevölkerung sowie eine grafische Darstellung des Sonnensystems enthielt.

Nach Jahren der Nichtbeachtung hat Milner persönlich darum gebeten, dass ein Teil seiner Gelder für *Active SETI* verwendet werden sollte, das heißt ausdrücklich für Nachrichten an Außerirdische. Einige Wissenschaftler, darunter der Astrophysiker Hawking, warnen jedoch auch davor. Es sei riskant, unsere genaue Position im Weltall viel fortschrittlicheren galaktischen Völkern zu offenbaren (und genau das geschieht in *Akte X*, wo die Außerirdischen bereits eine Invasion der Erde planen).

Der Enthusiasmus (wie auch die Angst) in Bezug auf Außerirdische sollte jedoch immer mäßig bleiben, schließlich gibt es die gute alte Relativitätstheorie unseres Freundes Albert Einstein. Man muss nur bedenken, dass einer der besten Kandidaten für intelligentes Leben der Planet Kepler-452b ist, der etwa 1400 Lichtjahre von der Erde entfernt liegt (mehr dazu in Kapitel 11). Alle Signale, die wir mithilfe eines Radioteleskops von ihm empfangen können, sind demnach 1400 Jahre alt – und unsere Antwort auf eine solche Botschaft wäre genauso lange unterwegs. Bei einer kosmischen Unterhaltung dieser Art läge zwischen Frage und Antwort so viel Zeit, dass eine der beiden Zivilisationen ohne weiteres wieder verschwinden könnte, während sie wartet.

DER ROSWELL-ZWISCHENFALL – IST DIE WAHRHEIT IRGENDWO DA DRAUSSEN?

Der 8. Juli 1947 ist ein Datum, das jeder Ufologe kennt. An diesem Tag hat die ganze Welt vom berühmten Roswell-Zwischenfall in New Mexico erfahren. Dieses Ereignis ist derart wichtig für alle, die an regelmäßige Besuche von Außerirdischen auf der Erde glauben, dass es eine zentrale Rolle in der Mythologie von *Akte X* spielt. In der Serie, genauer gesagt in der siebzehnten Folge der ersten Staffel, entdecken Fox Mulder und Dana Scully, dass in dem US-amerikanischen Städtchen tatsächlich eine fliegende Un-

tertasse abgestürzt ist. »Deep Throat«, ein reumütiger Agent des Konsortiums und Mulders Informant in der ersten Staffel, offenbart den beiden Ermittlern, dass eine außerirdische biologische Daseinsform (*Extraterrestrial Biological Entity*, kurz: E.B.E.) den Absturz sogar überlebt hatte. Mulders Hoffnung, endlich die Existenz eines Außerirdischen beweisen zu können, löst sich jedoch schnell in Luft auf: Nach dem Roswell-Zwischenfall hatten sich die Regierungen der Welt schnell darauf geeinigt, jede E.B.E., die in ihrem jeweiligen Hoheitsgebiet aufgefunden würde, zu eliminieren und mit ihr jeden Beweis ihrer Existenz.

So sonderbar die Folge zu Roswell auch sein mag, wird sie doch von den tatsächlichen Fakten an Kuriosität noch in den Schatten gestellt. An jenem famosen 8. Juli kursierte die Schlagzeile: »RAAF setzt fliegende Untertasse auf Ranch nahe Roswell fest« (»RAAF Captures Flying Saucer On Ranch in Roswell Region«). Ein Zeitungsartikel berief sich auf eine Meldung der dortigen Militärbasis, des Roswell Army Air Field (RAAF), der zufolge sich einige Tage zuvor merkwürdige Ereignisse abgespielt hätten. Der Wortlaut war eindeutig: »Die zahlreichen Gerüchte über fliegende Untertassen haben sich gestern als wahr erwiesen, als das Intelligence Office der [...] Roswell Army Air Field-Base das Glück hatte, mithilfe der Kooperation eines ortsansässigen Ranchers und des Chaves County Sheriff's Office in den Besitz einer solchen Untertasse zu gelangen.« Der Besitzer einer Ranch unweit der Stadt Roswell, ein gewisser William Brazel, hatte nämlich gemeldet, auf seinem Grundbesitz befänden sich einige Wrackteile. Sie wurden daraufhin umgehend von Angehörigen des Militärs eingesammelt und zur gründlichen Untersuchung ihrer Herkunft fortgeschafft.

Ist es denkbar, dass dem US-Militär eine derart aufsehenerregende Meldung wie die Entdeckung eines UFOs einfach so rausgerutscht ist, in einer offiziellen Pressemeldung? Stefano Dalla Casa, der sich der Aufdeckung von Falschmeldungen und Verschwörungstheorien verschrieben hat, erklärt es auf der Website von *Wired Italia* folgendermaßen: Die Pressemeldung des RAAF sei von Leutnant Walter Haut verfasst worden, einem noch jungen und unerfahrenen, dafür umso eifrigeren Mitarbeiter der Pressestelle, der seinen Text an die Zeitungen übermittelt habe, ohne ihn vorher seinem Vorgesetzten zur Prüfung vorzulegen. In aller Eile wurde daraufhin seitens der US Army am 8. Juli eine Pressekonferenz einberufen, auf der erklärt wurde, die an der Absturzstelle gefundenen Trümmer gehörten zu einem Wetterballon. Keine Spur also von Außerirdischen, Agent Mulder.

Die offizielle Version der Geschichte beruhigte die Gemüter rasch, und das öffentliche Interesse an Roswell und seinen fliegenden Untertassen versiegte schnell. Niemand dachte mehr daran, bis 1980 zwei Ufologen und Experten auf dem Gebiet des Paranormalen ein Buch veröffentlichten, das den Fall neu aufrollte: *The Roswell Incident* (*Der Roswell-Zwischenfall. Die Ufos und der CIA*, 1980). Charles Berlitz – der unter anderem Bücher über das Bermuda-Dreieck oder Atlantis schrieb – und William Moore konnten mit neuen Varianten der Augenzeugenberichte von vor dreißig Jahren aufwarten. Die Einwohner von Roswell änderten nach all der Zeit ihre Meinung bezüglich der tatsächlichen Vorkommnisse und erzählten von außerirdischen Hieroglyphen in dem sonderbaren Material, aus dem die Wrackteile bestanden. Ganz wie es rund zwei Jahrzehnte später in *Akte X* geschieht, vertreten Berlitz und Moore die Meinung, die US-Regierung hätte alles unternommen, um die Beweise für die Existenz von Aliens in ihren Lagerhäusern verschwinden zu lassen. Doch nicht nur das: Die Militärs hätten den beiden Autoren zufolge auch die Kadaver der UFO-Besatzung gefunden und seziert.

Obwohl die Berichte der beiden Verschwörungstheoretiker nicht sehr zuverlässig scheinen, lässt sich doch sagen, dass sie – unter bestimmten Gesichtspunkten – recht hatten. Das Militär war damals nämlich nicht ganz aufrichtig zu den US-Bürgern: In Roswell war keinesfalls ein Wetterballon vom Himmel gefallen. 1995 veröffentlichte die US Air Force einen Bericht zum *Projekt*

Mogul, das bis dahin der höchsten Geheimhaltungsstufe unterlag. Der Plan sah vor, Mikrofone an Heißluftballons zu befestigen, um in großer Höhe die Schallwellen möglicher Atomtests der Sowjetunion aufzeichnen zu können. Einer dieser Vorrichtungen, die von der Militärbasis in Alamogordo gestartet wurde, war der Strom ausgegangen. Das letzte Signal, kurz vor dem Absturz, hatte der Ballon etwa 20 Kilometer von Brazels Ranch entfernt abgesetzt. Zusammengefasst hatte das Militär also lieber die Einzelheiten zu den gefundenen und daher nicht zu leugnenden Wrackteilen verschwiegen, als das Projekt Mogul zu offenbaren. So schnitt es sich ins eigene Fleisch und lieferte das Material für den Mythos von Roswell, der sich bis heute hält.

Die verworrene Geschichte um das UFO-Wrack sorgte jedoch 1995 erneut für Aufsehen, als der Filmproduzent Ray Santilli Fernsehsendern auf der ganzen Welt die Übertragungsrechte an einem Film verkaufte, den er vom Militär erhalten haben wollte. Er zeigte angeblich die Autopsie eines der Außerirdischen, die 1947 bei dem Absturz in Roswell umgekommen waren. Die Aufnahmen hielten jedoch einer kritischen Beobachtung nicht lange stand. Das Vorgehen bei der Autopsie war alles andere als wissenschaftlich, und die Bilder waren recht eindeutig nur darauf ausgelegt, Eindruck auf den Zuschauer zu machen. Neun Jahre später sah sich Santilli schließlich gezwungen, zuzugeben, dass er die rund fünfzehnminütige Angelegenheit selbst gedreht habe – unter Verwendung einer Puppe und reichlich Tierinnereien. Allerdings beteuerte er, sein Film sei einer realen Aufnahme nachempfunden, die er mit eigenen Augen gesehen habe. Das Filmmaterial sei jedoch dermaßen in Mitleidenschaft gezogen gewesen, dass man nichts mehr damit hätte anfangen können.

Die Verschwörungstheorie rund um das UFO von Roswell ist inzwischen also in jeder Hinsicht geklärt worden. Dennoch glaubt manch einer noch heute, dass die außerirdischen Wrackteile und vielleicht sogar die Körper seiner Passagiere in der sagenumwobenen Militärgeheimbasis Area 51 in Nevada aufbewahrt werden. Einer, der unter keinen Umständen aufgeben, sondern für Klarheit sorgen wollte, war der junge Leutnant Walter Haut, mit dem die ganze Geschichte ihren Anfang genommen hatte. 1991 hat er in Roswell das faszinierende *International UFO Museum* gegründet, das noch heute eine der wichtigsten Sehenswürdigkeiten der Gegend darstellt. Es handelt sich dabei um einen riesigen Raum, dessen Wände mit rekonstruierten UFO-Sichtungen gepflastert sind und in dessen Mitte sich das Modell einer fliegenden Untertasse befindet. Drei Aliens scheinen soeben daraus hervorgetreten zu sein, mit grauer, komplett haarloser Haut und großen schwarzen Augen. In regelmäßigen Abständen steigt eine Nebelwolke auf, während eine schaurige Melodie ertönt. Fox Mulder hätte sicher seinen Spaß daran.

10 DINGE, DIE MAN ÜBER
AKTE X WISSEN SOLLTE

1.

Im wahren Leben die sind Rollen vertauscht: Gillian Anderson (Dana Scully) glaubt an Aliens, während David Duchovny (Fox Mulder) zu den »Ungläubigen« gehört.

2.

Die Medizinerin Dana Scully, das Bollwerk der wissenschaftlichen Rationalität, ist Clarice Starling nachempfunden, der Hauptfigur aus dem Film *Das Schweigen der Lämmer* (gespielt von Jodie Foster).

3.

William B. Davis, der »Krebskandidat« aus *Akte X*, auch genannt »der Raucher«, hat sich für die Rolle regelrecht aufgeopfert: Obwohl er seit zwanzig Jahren das Rauchen aufgegeben hatte, griff er für die Serie wieder zu den Glimmstängeln. Ab der dritten Staffel paffte er jedoch Zigaretten ohne Tabak.

4.

Die ersten fünf Staffeln wurden in Kanada gefilmt, genau genommen in Vancouver, die restlichen jedoch in Los Angeles. Wahrscheinlich musste man umziehen, weil David Duchovny näher bei seiner Frau sein wollte.

5.

Akte X gehört zu den ersten Serien, die ihre große Beliebtheit zum Teil dem Internet verdanken. Die Fans der Serie werden als *X-Philes* bezeichnet (auf Deutsch etwa: X-Ophile, in Anlehnung an den Originaltitel *X-Files*).

6.

Wer sich die Dienstmarken von Mulder und Scully ganz genau ansieht, kann erkennen, dass sie die Inschrift »Federal Bureau of Justice« tragen statt »Federal Bureau of Investigation« (abgekürzt: FBI). Weshalb? Weil es ein Verbrechen ist, Dienstausweise des FBI zu fälschen.

7.

Die kultige Titelmelodie der Serie, die Mark Snow komponiert hat, ist von einem Titel der *Smiths* inspiriert: *How soon is now?* von 1985.

8.

Dem Sender war Gillian Anderson anfangs nicht sexy genug, doch Chris Carter gelang es, die skeptischen Leute bei Fox zu überzeugen, dass sie die perfekte Besetzung für Scully darstellte, obwohl sie noch praktisch unbekannt war.

9.

Chris Carter hatte ursprünglich vorgesehen, dass die Serie mit der fünften Staffel endet, auf die noch eine Reihe von Filmen hätte folgen sollen. Der Erfolg von *Akte X* hat ihn jedoch gezwungen, noch fünf weitere Staffeln und zwei Kinofilme zu machen.

10.

In den Szenen, in denen sich Scully und Mulder unterhalten, musste Gillian Anderson auf einer Kiste stehen, weil David Duchovny einen guten Kopf größer als seine Schauspielpartnerin ist. Diese Nahaufnahmen stellten für die Kameraleute eine Herausforderung dar.

BATTLESTAR GALACTICA

Erstausstrahlung:
  Klassische Serie (*Kampfstern Galactica*): 1978 (USA)
  bzw. 1981 (Deutschland)
  Neue Serie: 2003 (USA) bzw. 2005 (Deutschland)
Staffeln: 1 (klassische Serie), 4 (neue Serie) sowie mehrere
  Miniserien und Spin-offs
Gesamtdauer Binge-Watching: 3 Tage, 14 Stunden und
  4 Minuten
  Klassische Serie: 1 Tag, 7 Stunden und 48 Minuten
  Neue Serie: 2 Tage, 6 Stunden und 16 Minuten
Inhalt (neue Serie): Vierzig Jahre herrschte Waffenruhe,
  dann greifen die Zylonen – intelligente Maschinen – in
  einer gnadenlosen Militäroffensive die zwölf Kolonien
  (zwölf von den Menschen bewohnte Planeten) an. Auf
  einen Streich löschen sie Milliarden Leben aus und
  vernichten beinahe die gesamte menschliche Zivilisation,
  die die Roboter erst geschaffen hatte. Ermöglicht wurde
  ihnen dieser Coup durch den menschlichen Wissenschaftler Gaius Baltar (James Callis). Nur etwa 50 000 Menschen überleben die Attacke und versammeln sich in einer
  kleinen Flotte ziviler Raumschiffe um das einzige intakte
  militärische Schiff, den »Kampfstern« Galactica, der
  eigentlich in den Ruhestand versetzt werden sollte. Sein
  Befehlshaber, Commander William Adama (Edward
  James Olmos), und die neugekürte Präsidentin Laura
  Roslin (Mary McDonnell) müssen nun ein neues Zuhause

für die Überlebenden finden. Doch die Zylonen sind ihnen dicht auf den Fersen – und die Maschinen haben sich weiterentwickelt: zu einer Spezies, die sich kaum noch von ihren Schöpfern aus Fleisch und Blut unterscheidet.

Nach dem großen Erfolg von *Star Wars* (*Krieg der Sterne*, 1977), der gezeigt hatte, wie gut Science-Fiction im Kino funktionieren konnte, eroberte 1978 die Serie *Battlestar Galactica* (in Deutschland: *Kampfstern Galactica*) das US-amerikanische Fernsehen. Entwickelt wurde sie von Glen A. Larson, der später auch Serien wie *Magnum* (*Magnum, p.i.*) und *Knight Rider* aus der Taufe hob. Der Kampfstern Galactica verschwand nach nur einer Staffel wieder, aber die Idee einer Menschheit, die von Robotern gejagt wird, hatte ein Zeichen gesetzt. Die Geschichte wurde immer wieder aufgenommen und in Spin-offs und verschiedenen Romanen fortgesetzt, bis schließlich 2003 eine dreistündige Miniserie eine Neufassung der ursprünglichen Serie einläutete.

Die kriegerische *Space Opera* wurde von Publikum und Kritik begeistert aufgenommen. Besonders gelobt wurden die düstere Atmosphäre, die packende Handlung sowie die Tiefe der Charaktere (unter anderem der Pilotin Kara »Starbuck« Thrace, gespielt von Katee Sackhoff). Der ewige Kampf gegen die Zylonen greift schließlich mit der Rebellion der Maschinen ein klassisches Thema auf und wird zu einer Allegorie für den Kampf gegen den Terrorismus, mit Anspielungen auf die Religion, auf Schläferzellen und die Beschneidung von Freiheiten. Wenn der Schein trügt, ist der Feind überall: Selbst der vertrauenswürdigste Freund könnte sich von jetzt auf gleich als bösartige Maschine entpuppen. Wem kann man noch vertrauen, wenn die Androiden so aussehen wie wir?

WIE SEHR GLEICHEN UNS DIE ZYLONEN?

Die älteren Modelle der Zylonen, wie etwa die Zenturios, sind noch ungelenk und steif und erinnern stark an die Droiden aus *Star Wars*. Die fortschrittlichsten Versionen sind mit den Menschen nahezu identisch: Sie sind auf Sauerstoff angewiesen, haben Gefühle und können bluten. Zwei grundlegende Eigenschaften unterscheiden sie jedoch von uns: Die Fähigkeit zur Wiederauferstehung und ihre blitzschnellen Denkprozesse, durch die sie große Mengen an Daten in Höchstgeschwindigkeit verarbeiten können.

Sie sind praktisch unsterblich, weil sie in der Lage sind, die enorme Menge an Informationen, die in ihrem Gehirn hinterlegt ist, abzuspeichern und in einen anderen Körper einzuspeisen. Das müsste nicht nur die genaue Position und die exakte Beschaffenheit jedes einzelnen Neurons umfassen, also von rund 100 Milliarden Zellen, sondern auch sämtliche zwischen diesen bestehende Verbindungen, also noch einmal rund 100 Billionen Synapsen, die uns zu dem machen, was wir sind. Laut *Wired*-Journalist Kevin Kelly brauchte man dafür gut und gerne 100 Terabyte an Speicherplatz (Standardfestplatten für unsere Heimcomputer bringen es heute auf 1 Terabyte, also 1000 Gigabyte). Es dürfte auch gar nicht so leicht sein, solche Datenmengen ohne Kabelverbindung an das Wiederauferstehungsschiff zu übertragen, das irgendwo durch den Weltraum segelt – aber genau das geschieht mit den Zylonen in *Battlestar Galactica*.

Seine Macht verdankt das zylonische Gehirn hingegen den mysteriösen *silica pathways*, einer Art synthetischer Nervenbahnen auf Siliziumbasis, aus denen das zentrale Nervensystem der Maschinen aufgebaut ist – so weit lassen sich zumindest die Autoren von *Battlestar Galactica* in die Karten schauen, die präzise Erklärungen gekonnt vermeiden, um keinen Blödsinn zu erzählen. Anstelle von Nerven haben diese Roboter also im Grunde eine Reihe von Glasfaserkabeln, die Muskeln und Sensoren mit dem Gehirn verbinden. In unserem (menschlichen) Körper bewegt sich ein elektrischer Impuls bei der Informationsübertragung mit maximal 100 Metern pro Sekunde. In einem Glasfaserkabel können Informationen hingegen mit Lichtgeschwindigkeit übermittelt werden (also mit rund 300 Millionen Metern pro Sekunde). Das würde natürlich die flinken Reflexe der Zylonen erklären. Äußerst feine Siliziumkabel wären auch auf Röntgenbildern beispielsweise unsichtbar und würden dabei helfen, die Androiden noch besser zu tarnen.

Diese Besessenheit von menschenähnlichen Organismen – die aber gar keine Menschen sind – ist ein weiteres Leitmotiv der Science-Fiction (man denke nur etwa an den Roman *Träumen Androiden von elektrischen Schafen?* von Philip K. Dick, auf dem Ridley Scotts cineastisches Meisterwerk *Blade Runner* basiert). Trotz dieser tiefsitzenden Ängste versuchen Wissenschaftler auf der ganzen Welt, die menschliche Gestalt zu kopieren, um Roboter zu erschaffen, die uns ähnlich sind. Einerseits ergibt es nämlich wenig Sinn, mechanische Helfer zu entwickeln, die sich in einer auf menschliche Proportionen zugeschnittenen Welt nur schwerlich bewegen können. Andererseits kann ein menschenähnliches Äußeres auch ihre Akzeptanz in der Gesellschaft erhöhen.

Es gibt jedoch auch noch einen weiteren Grund, weshalb das Design in unsere Richtung geht: Menschen (und jedes andere Wesen, das von der Evolution geformt wurde) sind überraschend gute Maschinen – man kann also viel von der Natur lernen. Denken wir nur an den Bewegungsablauf, der nötig ist, um von dem Sofa aufzustehen, auf dem wir vielleicht gerade dieses Buch lesen, während wir an unserem Tee nippen: Man muss den Oberkörper nach vorne bewegen und die Beine im richtigen Moment strecken, um exakt den benötigten Schub zu erzeugen, mit dem wir uns aufrichten können. Sind wir dabei etwas zu früh dran, können wir nicht aufstehen. Sind wir zu spät, fallen wir vornüber auf die Nase. Gleichzeitig müssen wir nicht nur unser eigenes Gleichgewicht halten, sondern auch noch die Gegenstände, die wir in der Hand haben, und zwar möglichst ohne den heißen Tee zu verschütten. Trotz dieser Komplexität können wir die Handlung ausführen, ohne einen Gedanken daran zu verschwenden, obwohl dafür unzählige Sinneseindrücke aus dem Innenohr, den Muskeln und den Augen koordiniert und verarbeitet werden müssen. Einem Roboter fällt eine für uns so banale Aufgabe außerordentlich schwer. Unser Nervensystem löst sie jedoch mit Leichtigkeit und unter Aufwendung eines Minimums an Energie, dank einer ganzen Reihe von parallelen Systemen, die der automatischen Erarbeitung adaptiver Reaktionen gewidmet sind.

Stellen wir uns beispielsweise vor, wir berühren beim Kochen aus Versehen einen heißen Topf: Schon bei der kleinsten Wahrnehmung von Schmerz ziehen wir ganz automatisch die Hand zurück. Das geschieht, weil der Schmerzreiz, noch bevor er ins Gehirn übertragen wird, das Rückenmark erreicht, das von unserer Wirbelsäule umschlossen ist. Dort befinden sich sowohl sensorische Neuronen (die Sinneswahrnehmungen weiterleiten) als auch motorische Neuronen (die Muskeln aktivieren können). Empfangen die sensorischen Neuronen im Rückenmark nun den empfundenen Schmerz, geben sie die Informationen unmittelbar an die motorischen Neuronen weiter, die ihrerseits die Bewegung auslösen, mit der sich die Hand von der Schmerzquelle entfernt. Währenddessen befindet sich der ursprüngliche Impuls noch auf dem Weg hinauf ins Gehirn, und wir haben das Geschehene noch gar nicht bewusst wahrgenommen.

Aus diesem Grund könnte es eine kluge Strategie sein, sich an der Natur zu orientieren, um einen robotischen Organismus zu erschaffen, in dem Körper und Verstand eine Einheit darstellen. Das wissen auch die Forscher am *IIT* in Genua (*Istituto Italiano di Tecnologia*), die ungeheuer fortschrittliche humanoide Roboter konstruiert haben. Wie beispielsweise iCub, ein Roboter in Gestalt eines Kindes, der seit seiner »Geburt« 2004 weiter wächst und sich immer neue Fähigkeiten aneignet: Er hat laufen gelernt, kann einem Gegenstand mit den Augen folgen und ihn ergreifen, er erkennt unterschiedliche Personen und kann auf einem Bein stehen. Oder wie Walk-Man, ein Rettungs-Androide, der 185 Zentimeter hoch ist und rund 2 Zentner wiegt. 2015 hat Walk-Man an der DARPA Robotics Challenge teilgenommen, einem Wettkampf, in dem Roboter bei einer Reihe von sehr »menschlichen« Herausforderungen gegeneinander antreten. Sie müssen Treppen steigen, Auto fahren oder eine Tür öffnen. Für einen Zylonen der neuesten Generation wären diese Aufgaben zwar ein Klacks, aber unsere heutigen Androiden beißen sich daran großenteils noch die Zähne aus.

KÜNSTLICHE LEBENSFORMEN

Androiden vom Typ der Zylonen bleiben auf lange Sicht Science-Fiction. Gleichzeitig jedoch legt nicht nur die Robotik langsam einen Zahn zu, sondern auch die Biologie: Sie will nicht ins Hintertreffen geraten und stellt die Weichen, um künstliche Lebensformen zu verwirklichen, die sich genau so verhalten, wie wir es wollen. Denken wir nur an ein mikroskopisches Bakterium, das in der Lage wäre, Erdöl zu »verdauen«. Nach einer Ölkatastrophe, wie sie sich 2010 im Golf von Mexiko ereignet hat, könnte man ein solches Bakterium im Meer freisetzen. Es würde die schädlichen Kohlenwasserstoffe vertilgen und so die marine Flora und Fauna auf ganz natürliche Weise vor der Ölpest retten. Statt sich also direkt an komplexe Lebensformen wie den Menschen heranzuwagen, sollte man besser klein anfangen und bei den Grundlagen ansetzen: in der Welt der DNA und der Zellen.

Genau das ist die Idee des Unternehmers und Wissenschaftlers Craig Venter, der schon immer ganz vorne mitgemischt hat,

wenn es um den genetischen Code ging. Der 1946 geborene US-Amerikaner gehört zu jenen Menschen, die vor einer Herausforderung nicht zurückschrecken, ganz gleich wie schwierig und zeitintensiv sie sich gestalten mag. 1998 sorgte er in Zeitungen auf der ganzen Welt für Furore, als seine Firma Celera Corporation mit dem Humangenomprojekt (HGP, engl. *Human Genome Project*) in Konkurrenz trat. Das HGP wurde von der US-amerikanischen Regierung finanziert und verfolgte den Zweck, die erste vollständige »Karte« unserer DNA anzufertigen. Dieser Wettlauf endete im Jahr 2000. Venter und der Direktor des Regierungsprojekts Francis Collins verkündeten wider Willen den »Gleichstand« im Weißen Haus, im Beisein des damaligen US-Präsidenten Bill Clinton.

In der Zwischenzeit ist Venter noch ehrgeiziger geworden und widmet sich nun der Herstellung synthetischen Lebens. 2010 konnte das J. Craig Venter Institute (JCVI) der Welt in der Zeitschrift *Science* das erste künstlich hergestellte Bakterium präsentieren. Was Venter und seine Mitarbeiter gemacht haben, ist schnell erklärt, aber nicht ganz so schnell umzusetzen: Im Grunde haben die Wissenschaftler ein Bakterium namens *Mycoplasma mycoides* genommen und seine DNA ausgelesen. Mit anderen Worten: Sie haben die gesamte Sequenz von »Buchstabenpaaren« entschlüsselt, aus der sich der genetische Code zusammensetzt, jenes höchst komplexe Molekül, das das Leben im Inneren einer Zelle lenkt. Dank dieser Informationen ist es ihnen anschließend gelungen, mithilfe eines Computers sozusagen Stück für Stück sämtliche Bausteine der DNA von Grund auf nachzubauen – und wir sprechen hier von einer ganzen Million Basenpaaren (zum Vergleich: Die menschliche DNA besteht aus 3,2 Milliarden Basenpaaren). Nachdem sie dieses endlos lange Molekül fertiggestellt hatten, setzten sie es in den Zellkern eines anderen Bakteriums ein, aus dem sie zuvor alle eigenen Informationen entfernt hatten. Und mit welchem Ergebnis? Alles lief nach Plan. Der Organismus, der auf den Namen *Mycoplasma laboratorium* getauft wurde, lebte weiter und replizierte sich wie ein ganz normales Exemplar von *Mycoplasma mycoides*.

Die Öffentlichkeit kritisierte Venter teilweise und warf ihm vor, er wolle Gott spielen. Doch auch aus der Wissenschaft meldeten sich einige Kollegen kritisch zu Wort: Das neue Bakterium sei bloß eine Kopie des Originals und nicht etwa eine tatsächliche künstliche Lebensform. Also hat Venter sich zum Ziel gesetzt, eine ganz neue Zelle aus dem Nichts zu erschaffen, angefangen bei synthetischen Chromosomen – im Labor hergestellten DNA-Päckchen – und mit einem Minimalsatz an Genen, die für ihr Überleben notwendig sind. Es sieht ganz danach aus, als hätte er diese Herausforderung ebenfalls gemeistert: Entsprechende Ergebnisse veröffentlichte Venter im März 2016, wieder in *Science*.

Trotz aller Kritik stellte das künstliche Bakterium einen bedeutenden Meilenstein dar. Zahlreiche Forscher sind nun dabei, ausgehend von den dabei gewonnenen Erkenntnissen, die Techniken zu verfeinern, um Zellen zu modifizieren und bestimmte, der Menschheit nützliche Effekte zu erzeugen. Im Grunde ist das aber auch nichts Neues. Wir nutzen beispielsweise Hefe, um Brot oder Bier herzustellen. Seit Jahrzehnten verwenden wir den einfachen Pilz *Penicillium chrysogenum,* um ein Antibiotikum herzustellen: Penizillin. Ein Zylon, der uns bei der Hausarbeit zur Hand geht, wäre zwar ganz nützlich, aber wenn es uns gelingen sollte, die Erbinformationen eines Mikroorganismus nach Belieben zu verändern, um so alle erdenklichen Verbindungen herzustellen, würde das natürlich noch umfassendere Möglichkeiten eröffnen.

Das hat sich auch das Start-up-Unternehmen Synthorx gedacht, dem es 2015 gelungen ist, künstliche Komponenten in die DNA eines Bakteriums einzufügen und es so zu veranlassen, neue Proteine zu produzieren. Zur Veranschaulichung müssen wir noch einen genaueren Blick auf die »Buchstabenpaare« werfen, aus denen unsere Erbinformationen bestehen. Das dabei zur Verfügung stehende Alphabet beschränkt sich auf vier Buchstaben (die eigentlich Makromoleküle darstellen): A (Adenin), T (Thymin), C (Cytosin) und G (Guanin). Die Forscher von Synthorx haben jedoch zwei ganz neue Buchstaben eingebaut, X und Y, denen zwei Moleküle an bestimmten Punkten auf der langen DNA-Kette des Bakteriums *Escherichia coli* entsprechen, das normalerweise in unserem Verdauungstrakt lebt. Durch die neuen synthetischen Buchstaben war der Mikroorganismus in der Lage, ein neues Protein herzustellen, wozu er zuvor nicht fähig gewesen wäre. Das hat der Wissenschaft Türen geöffnet, von denen man vor ein paar Jahren nicht einmal zu träumen gewagt hätte.

AUF DER SUCHE NACH EINER ZWEITEN ERDE

Die Flotte der Überlebenden unter der Führung des Kampfsterns Galactica hat das Ziel, den sagenumwobenen Planeten Erde zu suchen – von dem man nicht mehr weiß, wo im Weltall er sich befindet –, um sich dort eine neue Existenz aufbauen zu können. Vielleicht hätten die Flüchtlinge nicht unbedingt nach einem bestimmten Planeten suchen, sondern sich auf einem der vielen erdähnlichen niederlassen sollen. Aktuellen Schätzungen zufolge wird jeder Stern von mindestens einem Planeten umkreist, und fast jeder fünfte Stern könnte einen bewohnbaren Planeten sein Eigen nennen. Bedenkt man nun, dass sich in der Milchstraße mindestens 100 Milliarden Sterne befinden, muss es um die 17 Milliarden Planeten geben, die potenziell Ähnlichkeit mit der Erde haben. Mit einem FTL-Antrieb (*Faster than light*, schneller als das Licht, siehe Kapitel 8) wie die Galactica ihn besitzt, hätte eine bessere Strategie vielleicht darin bestanden, den einen oder anderen dieser Planeten zu inspizieren, anstatt sich auf die Jagd nach einer Legende zu begeben, von der man keine Koordinaten hat.

In den letzten Jahren hat sich die Suche nach einem Zwilling unserer Erde verschärft. Jedes Jahr werden neue *Exoplaneten* entdeckt – so bezeichnen Astronomen Planeten, die sich außerhalb unseres Sonnensystems befinden, also um einen anderen Stern kreisen. Diese Suche wird seit den neunziger Jahren des 20. Jahrhunderts betrieben. Damals entdeckten die Astrophysiker Aleksander Wolszczan und Dale Frail einen Planeten in der Umlaufbahn eines Pulsars (eines Neutronensterns, der mit großer Geschwindigkeit um die eigene Achse rotiert). Der erste Exoplanet eines sonnenähnlichen Sterns wurde 1995 von Michel Mayor und Didier Queloz aufgespürt, zwei Forschern an der Universität Genf. Offiziell ist er als *Dimidium* bekannt, erhielt aber den Spitznamen *Bellerophon*, nach dem griechischen Helden, der das geflügelte Ross Pegasus zähmte – denn Pegasus heißt das etwa 50 Lichtjahre von uns entfernte Sternbild, in dem der Planet sich befindet.

Zu den erfolgreichsten Jägern von Exoplaneten gehört das Weltraumteleskop *Kepler*. Es wurde 2009 gestartet und ist eigens darauf ausgelegt, einen bestimmten Teil unserer Galaxie zu durchforsten. Seine Aufgabe besteht darin, Aufnahmen von mehr als 145 000 Sternen zu machen und jedwede Veränderung in ihrer Leuchtkraft festzuhalten. Bei der Suche nach Planeten in anderen Sonnensystemen beruht eine Strategie auf der Grundannahme, dass während der Umkreisung ihres Sterns dessen Leuchtkraft minimal abnimmt, wenn sich der Planet genau zwischen uns und seiner Sonne befindet. Indem sie die Wiederholungen dieser kleinen Abweichungen beobachten, können Wissenschaftler Rückschlüsse über das Ausmaß des Objektes ziehen, das sich an dem Stern vorbeibewegt hat (je größer es ist, desto stärker wird die Leuchtstärke beeinträchtigt), und seinen Durchmesser ermitteln. Das Intervall der Unterbrechungen erlaubt Schätzungen, in welchem Abstand sich die Umlaufbahn des Exoplaneten von dem Stern befindet (und welche Temperaturen an seiner Oberfläche herrschen könnten).

Doch wonach suchen wir eigentlich genau, wenn wir den

Himmel nach einem Zwilling unseres Planeten absuchen? Um darauf zu antworten, müssen wir uns vor Augen führen, welche Bedingungen Leben auf einem Planeten begünstigen. Darunter fällt eine Reihe von Merkmalen, die Astrophysiker als die *Goldlöckchen-Zone* (*Goldilocks zone*) bezeichnen, in Anspielung auf das Märchen *Goldlöckchen und die drei Bären*: Ein Mädchen kommt in das Haus der drei Bären und findet auf dem gedeckten Esstisch drei Schüsseln mit Porridge vor. Sie kostet davon, doch die erste Portion ist zu heiß und die zweite zu kalt, nur die dritte ist genau richtig. Dasselbe Spielchen wiederholt sich mit den Stühlen und den Betten der Bären. Für die Wissenschaftler ist der »genau richtige« Zustand eines Planeten erreicht, wenn die Umweltbedingungen Wasser in flüssigem Zustand auf der Planetenoberfläche erlauben. Die große Bedeutung von Wasser hängt von einer seiner Grundeigenschaften ab: Das Wassermolekül hat eine klare polare Struktur (es besteht aus einem positiven Pol mit zwei Wasserstoffatomen und einem negativen Pol mit einem Sauerstoffatom). Das macht es zu einem vorzüglichen Lösungsmittel. Mit anderen Worten: Substanzen lösen sich gut darin auf. Für eine Zelle stellt Wasser daher ein optimales Transportmittel dar, um chemische Substanzen von außen nach innen zu befördern und andersherum. Ohne Wasser gäbe es unsere komplexe Zellchemie nicht.

Die Temperatur gehört ebenfalls zu den Faktoren, die gründlich überprüft werden müssen. Von ihr hängt die Geschwindigkeit ab, mit der sich Atome und Moleküle bewegen können. Das wiederum ist ein Indikator dafür, wie leicht oder schwerfällig chemische Reaktionen ablaufen. Sehr niedrige Temperaturen entsprechen dabei sehr langsamen Wechselwirkungen (Atome und Moleküle interagieren nur wenig miteinander, weil sie nicht sonderlich beweglich sind), während zu hohe Temperaturen dazu führen, dass chemische Verbindungen zerrissen werden, die für das Leben wichtig sind (die Moleküle bewegen sich so heftig, dass sie auseinanderfallen). Die Wissenschaft hat als geeigneten

Bereich Temperaturen zwischen -15 und +115 °C ermittelt: Innerhalb dieser Werte kann unter bestimmten Bedingungen Wasser im flüssigen Zustand existieren (zwischen 0 und 100 °C bei einem Druck von etwa 1 Bar).

Ein weiterer wichtiger Punkt betrifft die Atmosphäre. Sie schützt vor Strahlung und bewahrt die Temperatur der Planetenoberfläche. Ist ein Planet zu klein, reicht seine Schwerkraft womöglich nicht aus, um die Stickstoff-, Sauerstoff- und Kohlendioxid-Moleküle festzuhalten, die für Leben notwendig sind. Ist hingegen die Atmosphäre zu dicht, kann nicht genügend Temperatur von der Oberfläche entweichen, und der Planet wird praktisch zu einem Ofen.

Angesichts dieser Vorgaben erscheint es ein nahezu unmögliches Unterfangen, einen Exoplaneten zu finden, den wir Erde 2 nennen können (und auf dem womöglich bereits Leben existiert). Und dabei sucht das Kepler-Weltraumteleskop die Milchstraße schon mit beeindruckender Geschwindigkeit ab. Seit Beginn der Mission wurden über 1000 Exoplaneten ermittelt, wobei natürlich die Zahl der tatsächlich infrage kommenden Kandidaten kleiner ist. Der bekannteste ist zweifelsohne Kepler-452b, dessen Entdeckung im Juli 2015 verkündet wurde: Er ist der erste Planet, der erdähnliche Ausmaße besitzt und sich um einen Stern dreht, der mit unserer Sonne vergleichbar ist. Außerdem ist er weit genug, aber nicht zu weit von seinem Stern entfernt, um flüssiges Wasser zu ermöglichen. Es handelt sich jedoch weniger um eine Schwester der Erde als vielmehr um eine Cousine. Messungen der NASA haben ergeben, dass dieser Planet etwa 60 Prozent größer ist als die Erde und sein Jahr 385 Tage dauert. Er befindet sich im Sternbild des Schwans (in 1400 Lichtjahren Entfernung), und wenngleich seine Masse und seine Zusammensetzung noch genauer ermittelt werden müssen, stehen doch die Chancen gut, dass er eine felsige Struktur aufweist. Der Stern (Kepler-452), um den Kepler-452b kreist und nach dem er benannt ist, ist etwa 6 Milliarden Jahre alt (und damit etwa 1,5 Milliarden Jahre älter als unsere Sonne), hat dieselbe Temperatur wie unser Stern und einen um etwa 10 Prozent größeren Durchmesser.

Wird Kepler-452b sich tatsächlich als Zwillingsplanet der Erde erweisen, auf dem potenziell Leben existiert? Das wird die Zukunft zeigen. Dennoch sollten wir uns nicht zu früh freuen: Auch wenn er unserem Heimatplaneten noch so ähnlich wäre, könnte er genauso wüst und leer sein wie die Venus. Vielleicht war es doch nicht so verkehrt, dass die Überlebenden der zwölf Kolonien in *Battlestar Galactica* nach jener perfekten »blauen Kugel« gesucht haben, die wir unser Zuhause nennen …

10 DINGE, DIE MAN ÜBER
BATTLESTAR GALACTICA WISSEN SOLLTE

1.

Ursprünglich hätte das große Finale der neuen Serie im antiken Griechenland spielen sollen. Deswegen sind die Spitznamen mancher Piloten griechischen Göttern nachempfunden, wie etwa *Athena* oder *Apollo*.

2.

Keine Aliens oder seltsamen Monster – so lautete eine Klausel im Vertrag von Edward James Olmos (William Adama). Er wollte sichergehen, dass menschliche Dramen im Mittelpunkt stehen.

3.

Richard Hatch ist der einzige Schauspieler, der sowohl in der klassischen Serie mitgespielt hat – in der Rolle von Captain Apollo – als auch in der neuen, wo er Tom Zarek mimt, den politischen Widersacher von Präsidentin Roslin.

4.

In der Serie wurden die Ecken an Fotos, Büchern, Papieren und Bilderrahmen abgeschnitten. Michael Rymer, der Regisseur der Miniserie, wollte so zum Ausdruck bringen, dass er aufgrund des begrenzten Budgets zahlreiche Kompromisse eingehen musste (das ist eine der Bedeutungen des Ausdrucks *to cut corners*, wörtlich etwa: Ecken abschneiden).

5.

Der Ausdruck »Replikant« oder »Haut-Job« (im Original *skinjob*) für die humanoiden Zylonen-Modelle ist eine Hommage an den Film *Blade Runner*, in welchem der junge Edward James Olmos ebenfalls mitgespielt hat.

6.

Die Schauspielerin Tricia Helfer hat sich den Klassiker des italienischen Kinos *Und dennoch leben sie* (*La Ciociara*, 1960) angesehen, um sich auf die Rolle der Gina vorzubereiten, einer Zylonin, die in Gefangenschaft vergewaltigt wurde.

7.

In der klassischen Serie finden sich viele Themen, die mit der Religion der Mormonen zusammenhängen. Der Produzent der Serie, Glen A. Larson, war ein Mitglied dieser christlichen Glaubensgemeinschaft.

8.

Verschiedene Figuren aus der klassischen Serie haben bei der Übernahme in die Neuauflage ihr Geschlecht gewechselt. Das offensichtlichste Beispiel dürfte die Pilotin Starbuck sein (Katee Sackhoff), die ursprünglich ein Pilot war (dargestellt von Dirk Benedict).

9.

Der Ursprung der Zylonen in der klassischen Serie ist ein ganz anderer: Sie wurden von einer Spezies außerirdischer Echsenmenschen erschaffen. Zunächst löschten sie ihre schuppigen Schöpfer aus, bevor sie sich an die Vernichtung der Menschheit machten.

10.

Das Design der Zylon-Zenturios in der neuen Serie unterscheidet sich deutlich von ihrem ursprünglichen Äußeren. Allerdings haben die Raider-Raumschiffe der Zylonen einen Kopf, der dem Helm der ursprünglichen Zenturios nachempfunden ist.

TRUE DETECTIVE

Erstausstrahlung: 2014 (USA und Deutschland)
Staffeln: 2 (Fortsetzung ungewiss)
Binge-Watch-Dauer: 16 Stunden
Inhalt (erste Staffel): Rust Cohle (Matthew McConaughey) und Marty Hart (Woody Harrelson), zwei Detectives, werden zum Mord an Dora Kelly Lange befragt, an dessen Aufklärung sie 1995 gearbeitet haben. Der nackte Leichnam der jungen Frau war in Gebetshaltung aufgefunden worden, mit einem Hirschgeweih am Kopf und einem merkwürdigen Symbol auf dem Rücken. Die beiden Polizisten waren damals Partner, haben jedoch nach einem Streit seit über zehn Jahren nicht mehr miteinander gesprochen. Ein neuer Ritualmord, der große Ähnlichkeit zu dem damaligen Verbrechen aufweist, führt dazu, dass die Ermittlungen im Jahr 2012 wieder aufgenommen werden. Unglücklicherweise hat ein Orkan sämtliche Akten zu Dora Kelly Lange vernichtet, weswegen Cohle und Hart gezwungen sind, die Ereignisse von 1995 erneut durchzugehen. Sollte am Ende der wirkliche Täter, entgegen der Aussagen der beiden Detectives, noch auf freiem Fuß sein?

Satanistische Sekten, die Hitze Louisianas, Ermittler in Action, philosophische Diskurse und eine weite, offene Landschaft. Der große Erfolg von *True Detective* ist zwei großartigen Talenten zu verdanken, die sich hinter den grandiosen Schauspielern der Serie verstecken: Nic Pizzolatto, Drehbuchautor und Showrunner, und Cary Fukunaga, der bei allen Folgen der ersten Staffel Regie geführt hat. Die Geschehnisse um Hart und Cohle waren ursprünglich gar nicht für das Fernsehen gedacht gewesen. Ihre Geschichte wurde eigentlich als Roman konzipiert und basierte auf Ereignissen, die sich gegen Ende der Neunziger und in den ersten Jahren des neuen Jahrtausends tatsächlich in Louisiana abgespielt haben. In Ponchatoula, einer unauffälligen Kleinstadt, war die dortige Hosanna Church zum Schauplatz zahlloser Verbrechen geworden: Die Gemeinde unterstützte eine Reihe von Schulen, hinter dieser Fassade verbargen sich jedoch satanische Rituale und der langjährige Missbrauch von Minderjährigen. Kombiniert man Satanismus mit den literarischen Einflüssen des phantastischen Horrors aus der Feder von Robert W. Chambers und der nihilistischen Philosophie eines Thomas Ligotti und unterlegt alles mit dem pulsierenden Rhythmus eines Thrillers, erhält man die Erfolgsformel von *True Detective*.

Die Serie ist so angelegt, dass jede Staffel neue Geschichten mit neuen Charakteren erzählt, und womöglich ist das ein Grund, weshalb die zweite Staffel mit acht Folgen leider weniger positiv aufgenommen wurde als die erste. Vielleicht lag es daran, dass mehrere Regisseure mitgewirkt haben – Fukunaga stand nicht mehr zur Verfügung –, vielleicht auch daran, dass Pizzolatto nur 14 Monate Zeit hatte, um das neue Drehbuch zu verfassen. Jedenfalls konnten die Folgen rund um die Schauspielgrößen Colin Farrell, Rachel McAdams, Vince Vaughn und Taylor Kitsch die Kritiker kaum begeistern. Und genauso wenig die Wissenschaftler, denen wenig Material geboten wurde, über das sie sich den Kopf zerbrechen konnten. Schließlich kann sich nicht jede Figur die Phantastereien eines Rust Cohle leisten.

SIND LSD-FLASHBACKS
NUR EIN AMMENMÄRCHEN?

Rustin Cohle hatte gewiss kein leichtes Leben, wie man nach und nach in *True Detective* erfährt. Zu seiner umfangreichen Sammlung an Unglücken zählt unter anderem auch seine Zeit als verdeckter Ermittler der Drogenfahndung. Um vier lange Jahre seine Tarnung aufrechtzuerhalten und Dealer festzunageln, musste er selbst zu Rauschgift greifen und wurde abhängig davon. Und das hinterließ seine Spuren, wie sich bereits in der zweiten Folge der ersten Staffel zeigt: Cohle fährt eines Nachts, viele Jahre nach seiner Undercover-Tätigkeit, über den Highway und beginnt plötzlich, die Welt ganz anders wahrzunehmen. Vor seinen Augen tauchen bunte Flecken auf, und die Laternen am Straßenrand ziehen lange Lichtschlieren hinter sich her. »Flashbacks durch chemische Drogen, Nervenschäden … aus meiner Zeit bei der Drogenbehörde«, erklärt Cohle den Beamten, die ihn verhören.

Die Worte von Cohle, gespielt von McConaughey, greifen einen von vielen Mythen auf, die den Drogenkonsum umgeben: die sogenannten Flashbacks. Monate und oft auch Jahre nachdem man Halluzinogene wie LSD (umgangssprachlich oft als *Acid*, Säure, bezeichnet) zu sich genommen hat (wobei man das auch für Substanzen wie MDMA vermutet), meldet sich der Trip ungebeten zurück und man erlebt ihn mit der ursprünglichen Intensität noch einmal. Eine der kuriosesten (und ebenso falschen) Großstadtlegenden besagt, dass sich im Körper noch LSD-Moleküle befänden, gut versteckt im Fettgewebe und der Wirbelsäule, die jederzeit erneut ihren farbenfrohen Überfall auf unser Gehirn durchführen könnten.

Was genau ist LSD und weshalb verzerrt es unsere Wahrnehmung der Wirklichkeit? *Lysergsäurediethylamid* (LSD-25) ist eine chemische Substanz, die erstmals 1938 von Albert Hofmann hergestellt wurde, einem Schweizer Chemiker. Er erforschte eigentlich die Lysergsäure, die in einem parasitären Getreidepilz enthalten ist, dem sogenannten Mutterkorn (auch bekannt als Hahnensporn, Ergot oder Purpurroter Hahnenpilz). Die psychedelischen Effekte von LSD bemerkte Hofmann allerdings erst 1943, als versehentlich ein Tropfen davon auf seiner Hand landete. In seinen Aufzeichnungen schildert er das so: »In einem traumähnlichen Zustand nahm ich bei geschlossenen Augen einen Strom phantastischer Bilder, außerordentlicher Formen und kaleidoskopartiger Farben wahr. Nach etwa zwei Stunden legte sich dieser Zustand.« So fing die Karriere von LSD als Partydroge an, das sich vor allem in den sechziger Jahren in Hippie-Kreisen großer Beliebtheit erfreute – nachdem jahrzehntelang sein Nutzen als Heilmittel für psychiatrische Erkrankungen erforscht worden war.

Die halluzinogene Wirkung von LSD entsteht durch die Interaktion der Substanz mit unterschiedlichen Rezeptoren in unserem Gehirn: mit einigen, die für die Verarbeitung unserer Sinnesreize zuständig sind, mit anderen, die diese Eindrücke zu einer kohärenten Wahrnehmung zusammensetzen, und schließlich wieder anderen, die Gefühle und Erinnerungen auslösen können. Auf rein körperlicher Ebene verursacht diese Droge – neben einigen anderen Effekten – eine Erhöhung der Körpertemperatur, Trockenheit im Mund, Schweißbildung, Pupillenerweiterung sowie Muskelverspannungen und Krämpfe. Mehrmals sollen Menschen nach der Einnahme von LSD an Herzinfarkten oder Hirnschlägen verstorben sein, doch diese Verbindung lässt sich nicht eindeutig nachweisen. Die Gefahr dieser Droge scheint eher in dem Verlust von Hemmungen und der verzerrten Wahrnehmung zu liegen, gepaart mit einem Gefühl von Unbesiegbarkeit.

Aber kann dieser »Trip« wirklich nach Jahren ohne jeglichen LSD-Konsum zurückkehren? 2013 wurde in der Zeitschrift *Public Library of Science One* eine Studie zweier Forscher der

Norwegian University of Science and Technology veröffentlicht, der zufolge es keinen Zusammenhang zwischen dem Genuss von psychedelischen Drogen (wie LSD) in der Vergangenheit und späteren pseudohalluzinatorischen Ereignissen gibt. Darüber hinaus wollten die Wissenschaftler jedoch auch ganz allgemein herausfinden, ob der Konsum halluzinogener Drogen das Risiko für psychiatrische Störungen erhöht, und haben dazu fast 22 000 Personen untersucht, die mindestens einmal im Leben bewusstseinserweiternde Substanzen zu sich genommen hatten. Das Ergebnis: LSD, Mescalin (das sich etwa im Peyote-Kaktus findet) und Psilocybin (der Wirkstoff in halluzinogenen Pilzen) verursachen anscheinend keine langfristigen mentalen Schäden.

Trotz der Resultate der Norweger gibt es dennoch tatsächliche Fälle von Flashbacks. Daher enthält auch die fünfte Auflage des *Diagnostischen und Statistischen Manuals Psychischer Störungen* (DSM-5) eine Liste von Kriterien, anhand deren man eine *Halluzinogen-induzierte persistierende Wahrnehmungsstörung* (*Hallucinogen persisting perception disorder*, HPPD) erkennen könnte. Damit ein »Trip« als eine solche Wahrnehmungsstörung klassifiziert werden kann, muss er geraume Zeit nach der letzten Einnahme der Droge auftreten, schwere Angstzustände hervorrufen und mit keiner mentalen Störung zusammenhängen. Eine HPPD geht demnach über einen einfachen Flashback hinaus und hat nichts mit einer intensiven Erinnerung an den halluzinogenen Rausch zu tun – selbst wenn sie so stark ausfällt, dass man den Eindruck hat, ihn noch einmal zu erleben, meist mit einem positiven Beigeschmack. Es handelt sich dabei vielmehr um eine transitorische, aber chronische Erkrankung, die über Monate oder gar Jahre hinweg auftritt und eine schreckliche Angst mit sich bringt, das eigene Gehirn mit den Drogen beschädigt zu haben. Und genau diese Befürchtungen können das Problem noch verstärken und einen Teufelskreis auslösen, in dem man verstärkt auf mögliche Symptome achtet und die Beunruhigung so vervielfacht.

Fälle von HPPD wurden in der Wissenschaft erstmals 1983

gemeldet, doch obwohl seitdem daran geforscht wird, lässt sich nicht mit Sicherheit sagen, wie viele Personen, die LSD konsumieren oder konsumiert haben, an dieser Störung leiden. Und auch bezüglich der eigentlichen Ursache bestehen noch große Zweifel: Manche Hypothesen besagen, dass solche Drogen die Chemie des Gehirns verändert hätten und dadurch die konstante Hemmung modifiziert worden wäre, die kontrolliert, was wir von der Welt wahrnehmen. Normalerweise ist unser Gehirn nämlich in der Lage, die Informationen zu filtern, die wir über unsere Sinne aufnehmen, und somit einen großen Teil davon abzufangen. Würden wir alles, was uns umgibt, mit derselben Intensität wahrnehmen, hätten wir große Schwierigkeiten, das eigentliche Objekt unseres Interesses zu erkennen. Dank der sogenannten *präattentiven Wahrnehmung* werden jedoch die nicht relevanten Informationen an den Rand des Bewusstseins gedrängt. Das ermöglicht uns eine zwar nur partielle, dafür jedoch sehr präzise Wahrnehmung der Welt. Genau an dieser Stelle vermuten einige die Wirkung von Halluzinogenen wie LSD: Der Filter unserer Wahrnehmung wird gelockert, und es dringt mehr »Hintergrundrauschen« in unser Bewusstsein. Weshalb sich jedoch dieser Lockerungsmechanismus auch Jahre nach dem letzten Drogenkonsum plötzlich aktivieren soll, bleibt weiterhin ein Rätsel.

So hätten wir also vielleicht eine Erklärung für Rusts verzerrte Wahrnehmung bei seiner nächtlichen Highway-Fahrt – aber was machen wir mit seiner Vision eines kosmischen Vortex in der letzten Folge der Staffel? LSD und MDMA können nämlich keine Visionen von Menschen oder Gegenständen erschaffen, die es in Wirklichkeit nicht gibt, von deren Existenz man jedoch felsenfest überzeugt ist. Sie lassen vielmehr die Welt in einem anderen Licht erscheinen: kräftigere Farben, hellere Lichter, verzerrte Klänge, ein verdrehtes Zeitempfinden und schillernde geometrische Formen. Das hat nichts mit Cohles mystischer Vision zu tun.

IST DIE ZEIT EIN FLACHER KREIS?

Rustin Cohle ist ein Philosoph. Wie jeder von uns hat die von Matthew McConaughey verkörperte Figur sein Päckchen an Leid zu tragen, aber er lässt keine Gelegenheit ungenutzt, um über die Wirklichkeit der Welt nachzudenken und über die Rolle, die der Schmerz in unser aller Leben spielt. »Ich glaube, das menschliche Bewusstsein ist ein tragischer Fehltritt der Evolution. Wir sind uns unserer selbst zu sehr bewusst geworden. Die Natur hat einen Blickwinkel auf die Natur geschaffen, der von ihr getrennt ist«, verkündet Rust seinem Kollegen Marty in der allerersten Folge, »wir sind Kreaturen, die es dem Naturgesetz nach gar nicht geben dürfte. […] Wir sind Dinge, die sich mit der Illusion abmühen, ein Ich zu besitzen, diese Glorifizierung von sinnlichen Erfahrungen und Gefühlen, programmiert mit der vollkommenen Gewissheit, dass wir alle jemand sind, während in Wahrheit doch jedermann niemand ist. […] Der einzige Ausweg für unsere Spezies wäre, sich der Programmierung zu verweigern und sich nicht mehr fortzupflanzen, Hand in Hand dem Aussterben entgegenzusehen, eine letzte Mitternacht. Die Brüder und Schwestern verabschieden sich aus einem faulen Deal.«

Mit diesen Äußerungen offenbart Cohle, wie er auch selbst zugibt, eine pessimistische Weltsicht. Nein, das hat nichts mit dem guten alten halb vollen oder halb leeren Glas zu tun: In der Philosophie sind Optimisten keine Spaßkanonen, und Pessimisten nicht zwingend schlecht im Feiern.

»Für einen Philosophen sind die *Ideen* optimistisch oder pessimistisch.« Das schreibt Joshua Dienstag, Professor an der University of California, Berkeley, in der Online-Zeitschrift *The Critique* über *True Detective*. »Optimisten sind Menschen, die glauben, dass es eine grundlegende Ordnung im Universum gibt, die der menschliche Verstand begreifen kann. Pessimisten sind

Menschen, die das nicht tun.« Dienstag zufolge haben Pessimisten gemein, dass die Wirklichkeit ihrer Ansicht nach grundsätzlich ungeordnet oder widersprüchlich ist: »Pessimismus ist nicht die Überzeugung, dass alles schlimmer wird, sondern nur eine Ablehnung des Gedankens, dass ›am Ende alles Sinn ergeben‹ wird.«

Das ist die chaotische Welt Rustin Cohles, der sich zumindest in einem Teil seines Lebens von den Prinzipien des pessimistischen Philosophen Arthur Schopenhauer – das Leben ist von Leid durchtränkt – hat leiten lassen. Und in dieser Welt rechnet er nicht damit, auf Vernunft zu stoßen. Dadurch wird er zum »true detective«, zum wahren Ermittler, der sich nicht von den Illusionen täuschen lässt wie sein optimistischer Partner Marty.

Obwohl Cohle also Schopenhauers Weltsicht bewundert, zitiert er in seinen Darlegungen einen anderen deutschen Philosophen, der ebenso pessimistisch ist: »Das hier ist eine Welt, in der rein gar nichts gelöst wird. Jemand hat mir mal gesagt ›Die Zeit ist ein flacher Kreis‹. Alles, was wir je getan haben oder tun werden, werden wir immer und immer und immer wieder tun.« Dieser Jemand ist kein Geringerer als Friedrich Nietzsche, und die hier von Cohle dargelegte Vorstellung ist Nietzsches Gedanke von der ewigen Wiederkunft: Da der Mensch und seine Welt endlich sind, wohingegen die Zeit unendlich ist, haben wir jeden Augenblick, den wir erleben, zuvor schon unzählige Male erlebt und werden das auch in Zukunft wieder tun. Auf diese Weise verliert das Leben jeden Sinn – und davon ist auch unser texanischer Detective überzeugt.

Wenngleich uns eine solche Sichtweise womöglich an die unendlichen Paralleluniversen von *Fringe* (siehe Kapitel 6) erinnern könnte, konzentrieren wir uns besser auf eine der faszinierendsten Aussagen Rusts über die Zeit. Was ist Zeit wirklich? Über Jahrhunderte hinweg haben Physiker sich regelrecht verrückt gemacht, um sie endlich fassen zu können. Denken wir einmal darüber nach: Für uns ist die Zeit wie ein Pfeil, der in eine bestimmte Richtung abgeschossen wurde und nicht umkehren kann. Es gibt die Vergangenheit, die alles umfasst, was je gewesen ist. Es gibt die Zukunft, in der sich alles befindet, was noch sein wird. Schließlich gibt es noch die Gegenwart als flüchtige Schwelle zwischen Zukunft und Vergangenheit.

Im Laufe der Geschichte haben viele den Versuch unternommen, Zeit zu definieren. Für Aristoteles war die Zeit beispielsweise schlicht eine Möglichkeit, um Veränderung zu messen: Sofern sich irgendetwas bewegt, existiert die Zeit, und wir können sie messen. Andernfalls gibt es sie nicht. Ganz anders ist hingegen die Vorstellung des berühmten Physikers Isaac Newton, der gegen Ende des 17. Jahrhunderts die Konzepte von Zeit und Raum absolut setzte. Für den Vater der Schwerkraft ist die Zeit nämlich gänzlich unabhängig von der Welt, wie wir sie wahrnehmen. Im Gegensatz zur Idee des großen griechischen Philosophen existiert für Newton die Zeit auch dann, wenn gar nichts geschieht. Selbst dann, wenn der gesamte existierende Raum eine einzige Leere wäre, würde die Zeit unaufhaltsam fortschreiten.

Es musste einige Zeit vergehen, bevor diese definierten Prinzipien auf den Kopf gestellt wurden – und einer der größten Wissenschaftler des 20. Jahrhunderts daherkam: Albert Einstein. Um 1905 stellte Einstein (wie wir in den Kapiteln 3 und 8 gesehen haben) seine *Spezielle Relativitätstheorie* auf und zeigte, dass die Zeit ein relatives Phänomen ist, das er mit dem Raum zu einem einzigen Gewebe verwob, der Raumzeit. Er vertrat den Standpunkt, dass es nicht möglich sei, einen Augenblick zu definieren, der tatsächlich für alle gleich ist, weil die Zeit an zwei weit voneinander entfernten Punkten im Weltall unterschiedlich ablaufe. Für einen Astronauten, der sich beinahe mit Lichtgeschwindigkeit von unserem Planeten entfernt, läuft die Zeit langsamer als für uns auf der Erde. Wenn er nach Hause zurückkehrt, ist er daher jünger als sein nie fortgegangener Zwilling. Was während seiner Reise für ihn die Gegenwart darstellt, ist für den anderen bereits Vergangenheit. Mit der *Allgemeinen Relativitätstheorie* wird die

Lage noch komplizierter. Demnach schreiten die Zeiger einer Uhr in den Bergen schneller voran – unmerklich, aber messbar – als die einer Uhr am Strand, weil die Anziehung der Schwerkraft unterschiedlich stark ist. Jeder Gegenstand verfügt somit über seine eigene Zeit, in Abhängigkeit von seiner Geschwindigkeit und von der Gravitation, die auf ihn einwirkt.

Auch im kleineren Maßstab liegen die Dinge nicht wirklich gut. Betrachtet man den Bereich des unendlich Kleinen, lehrt die Quantenmechanik, dass physikalische Größen unglaublich ungenau sind (wie in den Kapiteln 2 und 6 beschrieben wurde). In dieser Größenordnung bilden Raum und Zeit nicht länger ein Kontinuum, sondern zerfallen in eine Art mikroskopischen Schaum, wie Carlo Rovelli in seinem Buch *La realtà non è come ci appare* (*Die Wirklichkeit, die nicht so ist, wie sie scheint*, 2016) erzählt. Demnach existiert das, was wir Zeit nennen, gar nicht, sondern entpuppt sich als hartnäckige Illusion: »Der Tanz der Natur folgt nicht dem Taktstock eines einzigen Dirigenten, der ein universales Tempo vorgibt: Jeder einzelne Prozess tanzt für sich mit seinen Nachbarn und folgt einem eigenen Rhythmus. Der Ablauf der Zeit liegt innerhalb der Welt, er wird selbst erst in der Welt geboren, und zwar aus den Beziehungen zwischen den quantenmechanischen Ereignissen, die die Welt darstellen und die ihrerseits ihre jeweils eigene Zeit generieren.« Laut Rovelli ist Zeit also nur eine Eigenschaft, die aus der Materie hervorgeht. Denken wir beispielsweise an die Moleküle, aus denen das Wasser besteht, das aus unserem Wasserhahn rinnt: Es ist schlichtweg unmöglich, auch nur ein einziges Molekül darin zu finden, das flüssig ist. Flüssigkeit als Eigenschaft entsteht erst, wenn mehrere Moleküle bei einer bestimmten Temperatur und unter bestimmten Druckverhältnissen zusammenfinden. Und so ist es auch mit der Zeit, allerdings bei einer bestimmten Geschwindigkeit und einer bestimmten Gravitation. Aber wer erklärt das jetzt Rust Cohle?

10 DINGE, DIE MAN ÜBER
TRUE DETECTIVE WISSEN SOLLTE

1.

Die Aufnahmen zur ersten Staffel von *True Detective* waren ein enormer Kraftakt. 450 Seiten Drehbuch in nur sechs Monaten. Im Durchschnitt wurde pro Tag sechs Stunden lang gefilmt.

2.

Ursprünglich hätte Matthew McConaughey die Figur des Marty darstellen sollen, aber der Schauspieler fand Rust interessanter und schlug stattdessen seinen Freund Woody Harrelson für die Rolle vor.

3.

Die erste Staffel war ein riesiger Erfolg, mit durchschnittlich 2,3 Millionen Zuschauern pro Folge. Das Finale hat sogar den Streaming-Service des Senders, *HBO GO*, lahmgelegt.

4.

McConaughey hat sich wirklich mit der Figur von Rustin Cohle identifiziert. Auch während der Dreharbeiten und am Set schottete er sich von allen ab und mied sogar seinen langjährigen Freund Woody Harrelson.

5.

Es wird möglicherweise eine dritte Staffel von *True Detective* geben, aber nach der Enttäuschung der zweiten Staffel wird Nic Pizzolatto sich wahrscheinlich mehr Zeit mit dem Drehbuch lassen. Und vielleicht wird er nicht die volle Kontrolle über die Serie haben.

6.

Der Titel der Serie sollte anfänglich *The Murder Ballads* lauten. Pizzolatto und Fukunaga gefiel er sehr, aber er spiegelte den anthologischen Grundgedanken der Serie nicht wirklich wider, der wechselnde Protagonisten für die einzelnen Staffeln vorsieht.

7.

Die zweite Staffel lockte im Durchschnitt sogar mehr Zuschauer an als die erste, aber die Einschaltquoten nahmen von Folge zu Folge ab – und es hagelte viel mehr Kritik.

8.

Zu den Inspirationsquellen von Pizzolatto gehören nicht nur Schriftsteller wie der Nihilist Thomas Ligotti (*The Conspiracy against the Human Race*) und der Horror-Großmeister Robert W. Chambers (*The King in Yellow*), sondern auch Comic-Autoren wie Grant Morrison (*The Invisibles*, *Batman*) und Alan Moore (*Watchmen*, *V for Vendetta*).

9.

Carcosa, der fiktive Schauplatz des Finales der ersten Staffel, existiert tatsächlich. Gedreht wurde in Fort Macomb, einer steinernen Festung, die 1822 in der Nähe von New Orleans errichtet wurde.

10.

Die Besetzung der zweiten Staffel von *True Detective* hätte auch ganz anders ausfallen können. Man hatte nämlich ebenso bei den Schauspielern Christian Bale, Jessica Chastain, Brad Pitt und Elisabeth Moss angefragt.

THE BIG BANG THEORY

Erstausstrahlung: 2007 (USA) bzw. 2009 (Deutschland)
Staffeln: 9 (noch nicht abgeschlossen)
Binge-Watch-Dauer: 3 Tage, 3 Stunden und 54 Minuten
Inhalt: Penny (Kaley Cuoco) ist kürzlich in ihre neue
Wohnung eingezogen, Tür an Tür mit Leonard Hof-
stadter (Johnny Galecki) und Sheldon Cooper (Jim
Parsons). Die beiden Physiker arbeiten am California
Institute of Technology, kurz: Caltech. Ebenfalls dort
angestellt sind ihre besten Freunde Howard Wolowitz
(Simon Helberg) und Rajesh Koothrappali (Kunal
Nayyar). Das Leben der vier Nerds, das bislang hauptsächlich aus Rollenspielen und Comics bestand und in
dem Frauen keine große Rolle spielten, wird auf den
Kopf gestellt: Während der manische Sheldon versucht,
seine zwanghafte Routine aufrechtzuerhalten, verliebt
sich Leonard auf Anhieb in die neue Nachbarin, eine
angehende Schauspielerin, die herzlicher, quirliger und
geselliger ist als alle vier Wissenschaftler zusammen.

Alle Macht den Nerds! Das ist die Philosophie hinter *The Big Bang Theory*, der Fernsehserie von Chuck Lorre und Bill Prady über eine Gruppe von Pechvögeln, die vernarrt in die Wissenschaft sind, bei jeder Form von sportlicher Betätigung versagen und im Beisein eines Mädchens kein Wort über die Lippen bringen. Ganze Generationen von Nerds verfolgen die Geschichte um Leonard und Sheldon und erkennen sich in ihnen wieder. Dennoch ist der große Erfolg von *The Big Bang Theory* nicht allein der Rehabilitation nach Jahren der Drangsalierung in der Schule zuzuschreiben. Die gelungene Mischung treffend charakterisierter Figuren der Serie lädt zum Lachen ein und kokettiert charmant mit der Popkultur.

Die reine Wissenschaft wird nicht übermäßig präsentiert, aber man bekommt doch etwas von der Atmosphäre des Caltech mit, einer der prestigeträchtigsten Forschungseinrichtungen der Welt, und erhält einen kleinen Einblick in das Leben von Naturwissenschaftlern. Schließlich treten immer wieder auch echte Wissenschaftler in der Serie auf: angefangen bei dem Astrophysiker Stephen Hawking, über den theoretischen Physiker Brian Greene, bis hin zum Nobelpreisträger George Smoot und dem Wissenschaftskommunikator Neil deGrasse Tyson. Doch bevor wir einen Blick auf die Berufe von Leonard und Sheldon werfen, fangen wir besser ganz von vorne an: bei der Geburt des Universums.

DAS ECHO DER AUSDEHNUNG

»*Our whole universe was in a hot dense state, then nearly fourteen billion years ago expansion started ... Wait!*« So beginnt der Titelsong der Serie *The Big Bang Theory*, in dem uns die Anfänge des Universums so geschildert werden, wie die Naturwissenschaft sie rekonstruiert hat. Was ist wirklich vor etwa 13,8 Milliarden Jahren geschehen? Wir müssen uns vorstellen, dass aus dem Nichts eine winzig kleine Blase sehr heißer und sehr dichter Raumzeit erschienen ist. Ihre Temperatur erreichte 10^{32} Grad Celsius (das ist eine 1 mit 32 Nullen), während ihre Dichte – also die Masse an Materie in einem bestimmten Volumen – bei ungefähr 5×10^{96} Kilogramm pro Kubikmeter lag. Obwohl es die Dimensionen eines Partikels aufwies, hätte ein derart massereiches Objekt ein unglaubliches Gravitationsfeld besitzen müssen. Es hätte eigentlich in sich selbst kollabieren müssen, noch bevor es das Universum, wie wir es kennen, hätte hervorbringen können. Das geschah jedoch nicht.

Die Lösung für dieses Paradoxon wurde von Alan Guth gefunden, einem Physiker am Massachusetts Institute of Technology (MIT): die Theorie der kosmischen Inflation. Dem Kosmologen zufolge begann gerade mal 10^{-35} Sekunden (das sind 0,00000000000000000000000000000000001 Sekunden – 34 Nullen nach dem Komma!) nach Erscheinen der Raumzeit-Blase eine Phase enormer und enorm schneller Ausdehnung. Diese namensgebende *Inflation* (von lat. *inflare*, aufblasen) sorgte dafür, dass das Universum seine Dimensionen blitzschnell auf das 10^{26}-Fache vergrößerte. Wenn wir *big bang* hören, oder Urknall, denken wir zwar an eine riesige Explosion, aber in Wahrheit ist dabei gar nichts geplatzt. Der Raum hat sich ganz einfach ausgeweitet, wie ein Luftballon, der aufgeblasen wird.

Nach dieser Inflationsphase begann die Temperatur abzunehmen, was es den Partikeln, die sich bislang annähernd mit Lichtgeschwindigkeit bewegt hatten, ermöglichte, an Masse zuzunehmen. Diesen Phasenübergang können wir uns vereinfacht vorstellen wie den Übergang von Wasser aus dem gasförmigen in den flüssigen Aggregatzustand. Die Inflation führte auch zu Dichteschwankungen im Raum, woraus im Verlauf vieler Millionen Jahre durch Ansammlung von Materie die ersten Galaxien und Sterne entstanden – etwa 155 bis 800 Millionen Jahre nach dem Big Bang.

Die Idee ist ja ganz nett, würden Leonard und Sheldon vielleicht sagen, aber wo bleiben die Beweise für die Theorien zu Urknall und Inflation? Wissenschaftler sammeln inzwischen schon seit Jahren Bestätigungen dafür, was diesen theoretischen Entwurf zum bisher besten Modell macht, um die Geburt des Universums zu beschreiben. Eine der interessantesten Übereinstimmungen betrifft die *kosmische Hintergrundstrahlung*. Sie versetzt uns zurück in die sechziger Jahre des 20. Jahrhunderts, als die Astronomen und späteren Nobelpreisträger Arno Penzias und Robert Woodrow Wilson – aus Versehen – dieses wichtige Phänomen entdeckten. Richtet man ein Teleskop in den Nachthimmel, ohne direkt einen Stern oder Planeten anzuvisieren, landet man im dunklen Raum dazwischen. Nimmt man jedoch ein Radioteleskop, das viel größere Bereiche des elektromagnetischen Spektrums als nur den Abschnitt des sichtbaren Lichts untersucht, sieht man, dass der Hintergrund merkwürdig leuchtet, wenn auch sehr schwach, und dass sich dieses Leuchten gleichmäßig in alle Richtungen erstreckt, aber im Bereich der Mikrowellen etwas stärker ausfällt. Genau das maßen die beiden Wissenschaftler. Während sie eigentlich die Antenne eines Radioteleskops testen wollten, bestätigten Penzias und Wilson letzten Endes eine Theorie, die Ralph Alpher und Robert Herman bereits 1948 aufgestellt hatten: Es handelte sich bei dem Leuchten um eine fossile Strahlung, eine Hinterlassenschaft des Urknalls, von der wir noch heute etwas haben. Man kann das in etwa mit einer Herdplatte vergleichen, die nach dem Gebrauch langsam abkühlt. Was wir heute messen können, ist nichts anderes als die nach und nach verschwindende »Restwärme« der großen Ausdehnung.

Ein weiterer Beweis für die Theorie, nach der unsere Comedy-Serie benannt ist, wird als *kosmologische Rotverschiebung* bezeichnet. In Abhängigkeit von der Wellenlänge (dem Abstand zwischen zwei aufeinanderfolgenden »Spitzen« einer elektromagnetischen Welle) nimmt das uns umgebende Licht unterschiedliche Farben an. Kürzeren Wellenlängen entsprechen Farben wie Blau oder Violett, während längere zu Orange und Rot gehören.

Ist eine Lichtquelle in Bewegung, erfährt das Licht, das uns erreicht, eine gewisse Veränderung: Nähert sich die Lichtquelle uns an, nimmt die Wellenlänge ab (und das Licht verschiebt sich in Richtung Blau); entfernt sich die Lichtquelle hingegen, nimmt die Wellenlänge zu (und tendiert folglich gen Rot). Während die Astrophysiker also den Himmel betrachteten, verglichen sie gleichartige Galaxien in unterschiedlicher Entfernung und stellten fest, dass sich in dem von ihnen ausgestrahlten Licht eine Rotverschiebung messen ließ. Das bedeutet, dass sie sich voneinander entfernten. Das gilt für das gesamte Universum: Der Raum dehnt sich noch immer aus und – Bazinga! – wird dabei sogar schneller. Verantwortlich für diese mysteriöse Beschleunigung ist angeblich die *Dunkle Energie*, die nicht beobachtet werden kann, aber rund 68 Prozent der gesamten Materie-Energie-Dichte des Universums ausmacht.

Da sich der Kosmos also weiter ausdehnt – wo werden wir letztlich landen, Abermilliarden von Jahren in der Zukunft? Wenn die Ausdehnung nur eine Phase ist, würde der Weltraum irgendwann beginnen, sich wieder zusammenzuziehen. Dabei würden sich die Galaxien wieder annähern, bis es letztlich zum sogenannten *Big Crunch* käme: Das Universum würde kollabieren und zu einem Zustand ähnlich dem Big Bang zurückkehren. Womöglich würde das zu einer erneuten Expansion und einem neuen Universum führen. Sollte sich der Weltraum jedoch weiterhin ausdehnen, wären zwei verschiedene Szenarien denkbar, die jedoch beide nicht sehr angenehm wären. Sollten die Galaxien sich nämlich bis in alle Ewigkeit voneinander entfernen, würde schließlich die Entropie die Oberhand gewinnen. Nach und nach würden die Sterne erlöschen und nur kalte, unbewegte Materie zurücklassen (diese Hypothese wird als *Big Freeze* oder *Big Chill* bezeichnet). Die andere Überlegung berücksichtigt auch die Rolle der Dunklen Energie: Sollte diese stark genug sein, um die Ausdehnung immer weiter zu beschleunigen, könnte es zu einem Riss der Raumzeit kommen (dem sogenannten *Big Rip*), vergleichbar

mit einem Laken, das in alle Richtungen gezerrt wird und plötzlich reißt.

Das schicksalhafte Ende des Universums ist ein derart fesselndes Thema für Physiker, dass man ihm ohne weiteres auch eine eigene Sitcom widmen könnte. Nur mit dem Titel müssten wir uns einigen: *The Big Crunch Theory*, *The Big Freeze Theory* oder doch *The Big Rip Theory*?

DAS COOPER-HOFSTADTER-PARADOXON

Um einen Physiker zu provozieren, genügt eine einfache Frage: »Ist die theoretische Physik wichtiger oder die Experimentalphysik?« Sheldon würde auf diese Frage antworten – herablassend und ohne jeden Zweifel –, dass Experimentalphysiker ohne Theorien überhaupt nichts zustande bringen würden. Leonard wäre gewiss versöhnlicher gestimmt und würde darauf hinweisen, dass es sich dabei um eine paradoxe Fragestellung handelt, wie man sie oft in ihrer bekanntesten Formulierung antrifft: Was war zuerst da, das Huhn oder das Ei? Und damit hätte er recht, denn wenngleich es stimmen mag, dass die theoretische Physik Modelle aufstellt, so ist es doch an der Experimentalphysik, die Validität dieser Modelle zu überprüfen und zu bestätigen: Es ist kein Zufall, dass Peter Higgs den Nobelpreis für Physik erst dann erhalten hat, als – fast fünfzig Jahre später – die Existenz des von ihm vorhergesagten Bosons experimentell bestätigt wurde. Außerdem ist es genauso wahr, dass häufig aus den Daten eines Experiments Anhaltspunkte gewonnen werden können, um eine neue Beschreibung der Welt vorzunehmen.

Das ist, kurz gesagt, was Leonard den lieben langen Tag tut: Er führt Experimente durch, um herauszufinden, ob eine Theorie stimmt (oder, wissenschaftlicher ausgedrückt, um zu überprüfen, ob die theoretischen Vorhersagen mit den experimentellen Daten übereinstimmen). Wo Sheldon Coopers »Waffen« sich häufig auf Stift und Papier (oder Tafel) beschränken, muss Dr. Hofstadter sich meist im Labor die »Hände schmutzig machen«, und nicht selten mit einem Laser im Anschlag.

Im Verlauf der Serie hört man Leonard immer wieder von diesem Instrument reden, aber wie funktioniert es genau? Wer einen kleinen Laserpointer besitzt, kann das selbst überprüfen: Das Gerät produziert einen Lichtstrahl in einer einzigen Farbe, der sich ausschließlich in eine bestimmte Richtung bewegt und dabei immer denselben Durchmesser behält. In wissenschaftlichem Jargon spricht man von stark gebündeltem, kollimiertem, monochromatischem Licht mit großer Kohärenzlänge. Aber schön der Reihe nach. Der Name *Laser* ist das Akronym von *Light Amplification by Stimulated Emission of Radiation* (Lichtverstärkung durch stimulierte Emission von Strahlung). Ein Laser basiert auf dem Prinzip der stimulierten Emission von Photonen seitens angeregter Atome. Ein Atom ist, vereinfacht ausgedrückt, dann angeregt, wenn ihm bereits mehr Energie zugeführt wurde, als es eigentlich enthalten »will«. Trifft nun ein Photon auf ein solches angeregtes Atom, kehrt dieses Atom (erleichtert) wieder in einen energetisch günstigeren Grundzustand zurück. Es gibt die überschüssige Energie ab, und zwar in Gestalt eines weiteren Photons, das dieselbe Wellenlänge (die Farbe), dieselbe Frequenz und dieselbe Richtung aufweist wie das ursprüngliche Photon (und schon hätten wir Kohärenz und Kollimation abgedeckt). Stellen wir uns nun einmal eine Kammer voller angeregter Atome vor – Atomen von Gasen wie Neon oder Helium, die beispielsweise auch Leonard verwendet –, in die ein Photon geschossen wird. In einer Kettenreaktion werden sich zahlreiche identische Photonen bilden. Mithilfe zweier Spiegel werden diese Photonen gesammelt und kanalisiert und verlassen die Kammer schließlich in der kompakten Form des uns bekannten Laserstrahls. Leonard verwendet einen solchen Laser, um etwa das Bose-Einstein-Kondensat zu untersuchen – einen besonderen Aggregatzustand von Materie bei Temperaturen um den absoluten Nullpunkt – oder die Grundlagen der Quantenmechanik, also das Verhalten von Teilchen im kleinsten Größenbereich.

Sheldon befasst sich zu Beginn der Serie seinerseits mit der *Stringtheorie* und arbeitet folglich daran, zwei kontrastierende Welten zu versöhnen: die kosmische Welt der Schwerkraft, wie Albert Einstein sie beschrieben hat (siehe Kapitel 3), und die subatomare Welt der Quantenmechanik (siehe Kapitel 2), die auf jeweils extrem verschiedenen mathematischen und physikalischen Grundannahmen basieren. Einer der Lösungsansätze für diese Unvereinbarkeit ist die genannte Stringtheorie, die alle Teilchen, beispielsweise Elektronen und Quarks, als Schwingungen ultradünner Strings betrachtet. Schlägt man eine bestimmte Saite einer Gitarre an, erhält man einen bestimmten Ton. Genauso entspricht, der Theorie zufolge, jede Schwingung des Strings einem subatomaren Teilchen. Leider ergibt diese Theorie aus mathematischer Sicht nur dann Sinn, wenn man annimmt, dass die Strings in einer Raumzeit mit (mindestens) zehn Dimensionen vibrieren. Da wir nur in der Lage sind, vier Dimensionen des Universums wahrzunehmen (Länge, Breite, Tiefe und Zeit), fragt man sich, wo die anderen sechs geblieben sein könnten. Einer Theorie zufolge sind sie so sehr ineinander gefaltet, dass sie unsichtbar sind. In jedem Fall bleibt die Stringtheorie vorerst eine große Unbekannte, nicht zuletzt weil es sehr schwierig, wenn nicht gar unmöglich ist, sie experimentell zu bestätigen. Wer jetzt verwirrt ist, sollte sich keine Sorgen machen. Das sind Themen, mit denen nur jemand wie Sheldon ohne große Mühen jonglieren kann.

Doch selbst das Genie aus Texas hat schon dem einen oder anderen Problem mit der Stringtheorie ins Auge sehen müssen. In der zwanzigsten Folge der siebten Staffel entschließt sich Dr. Cooper schließlich, der Welt der Strings für immer den Rücken zu kehren. Aber weshalb, nach sieben Staffeln? Grund ist BICEP2 (*Background Imaging of Cosmic Extragalactic Polari-*

zation), ein Experiment, das am Südpol durchgeführt wurde, oder genauer: die Ergebnisse von BICEP2, denen zufolge in der kosmischen Hintergrundstrahlung urzeitliche Gravitationswellen nachgewiesen worden sind. Die Frage der Gravitationswellen ist nicht zu unterschätzen: Bereits Einstein hatte sie in der Relativitätstheorie vorhergesagt, doch konnten diese Störungen in der Krümmung der Raumzeit (wie Wellen, die sich über einen elastischen Teppich ausbreiten, wenn man darauf herumspringt) noch nie direkt gemessen werden. Dank der durch BICEP2 gewonnenen Resultate konnten jedoch die Forscher des Harvard-Smithsonian Center for Astrophysics im März 2014 verkünden, diese große Tat endlich vollbracht zu haben.

Die Autoren von *The Big Bang Theory* haben das Ereignis prompt in die Serie integriert, als Leonard mit nur wenigen Worten Sheldons Leben umkrempelt: »Vielleicht weil soeben der Nachweis der Entstehung des Universums erbracht wurde? Ebenso der des Higgs-Feldes. Und du arbeitest seit zwanzig Jahren an der Stringtheorie und konntest dich ihrem Nachweis nicht mal den kleinsten Schritt nähern.« Das erweckt in Sheldon die Befürchtung, sich einer Theorie verschrieben zu haben, die womöglich niemals nachgewiesen werden kann. Also nimmt er all seinen Mut zusammen und wechselt sein Forschungsgebiet: Er befasst sich von nun an mit Dunkler Materie.

Dumm nur, dass sich die Ergebnisse von BICEP2 als falsch herausstellten. Nur wenige Monate später haben die Wissenschaftler zugeben müssen, sich geirrt zu haben (Schuld ist der vermaledeite kosmische Staub!), was den gesamten Fortschritt im Bereich der Gravitationswellen zunichtegemacht hat. So schien es zumindest, bis glücklicherweise im Februar des Jahres 2016 Wissenschaftler des amerikanischen LIGO-Experiments und des italienischen Virgo-Experiments verkünden durften, die Gravitationswellen nun doch experimentell nachgewiesen zu haben. Da muss Sheldon ein großer Stein vom Herzen gefallen sein: Er hat seinen Forschungsschwerpunkt also nicht ganz umsonst verlagert.

DIE ASPERGER-HYPOTHESE

Sheldon Cooper ist eine großartige Figur. Man könnte sogar sagen, er ist der Dreh- und Angelpunkt der gesamten Serie. Seine Perspektive auf die Welt und auf das Leben ist faszinierend und gleichzeitig ein nie versiegender Quell immer neuer Anregungen, um die Handlung von *The Big Bang Theory* voranzutreiben. Für den einen oder anderen bedeutet die hervorragende schauspielerische Leistung von Jim Parsons jedoch noch mehr: Der verschrobene Physiker aus Pasadena ist zu einem regelrechten Symbol geworden – der erste Hauptdarsteller einer Serie mit *Asperger-Syndrom*.

Fangen wir mit der Definiton an: Was genau ist das Asperger-Syndrom? Der fünften Auflage des *Diagnostischen und Statistischen Manuals Psychischer Störungen* (DSM-5) zufolge wird das, was einmal als eigenständiges Asperger-Syndrom definiert wurde, heute zum Spektrum autistischer Störungen gezählt. Sie betreffen die neurologische Entwicklung einer Person. Das heißt, dass es nicht nur eine einzige Störung namens Autismus gibt, sondern eine ganze Reihe an Entwicklungsstörungen, die ein breites Spektrum darstellen. Das Asperger-Syndrom gehört zu den leichteren Formen (die auch als »hochfunktionaler Autismus« bezeichnet werden).

Seinen Namen verdankt das Syndrom Dr. Hans Asperger, einem österreichischen Kinderarzt. 1944 hatte er vier junge Patienten, die Schwierigkeiten hatten, sich zu integrieren. Seine auf Deutsch verfassten Schriften fanden in der Wissenschaft jedoch erst Beachtung, als die britische Ärztin Lorna Wing seine Forschungen aufgriff und 1981 die von ihm beschriebene Störung nach Asperger benannte.

Doch zurück zu Sheldon. Fans der Serie haben seine Persönlichkeitsmerkmale zusammengetragen, um so eine »Diagnose«

stellen zu können. Das Offensichtlichste zuerst: sein unnachgiebiges Festhalten an seiner Routine. Donnerstags wird Pizza mit Salami, Pilzen und grünen Oliven gegessen, der Freitagabend gehört ganz dem chinesischen Lieferservice. Wir wissen auch schon, was Dr. Cooper bestellen wird: Broccoli-Hühnchen, gewürfelt, nicht geschnetzelt. Wehe, wenn man ihm ein anderes Gericht vorsetzt oder aber versucht, ihn zu täuschen. Eher als das hinzunehmen, wird er Chinesisch lernen, um das Restaurant (linkisch) zu beschuldigen, Huhn in Orangensauce als Huhn in Mandarinensauce ausgegeben zu haben. Oder versucht man einmal ihn zu unterbrechen, wenn er an der Nachbarstür klopft und dabei sein »Tock, tock, tock, Penny« anstimmt, das um jeden Preis dreimal hintereinander erklingen muss – die Folgen wären nicht auszudenken.

Durch diese Beispiele könnte der Eindruck entstehen, Sheldon leide an einer Zwangsstörung, die ihn dazu bringt, bestimmte Handlungen immer gleich auszuführen. Aber es geht noch darüber hinaus: Unser Genie aus Texas hat auch Schwierigkeiten, soziale Situationen zu durchschauen und die Gefühle anderer Menschen zu verstehen. Man denke nur daran, wie brutal ehrlich und vollkommen unsensibel er sich manchmal verhält: Wenn er beispielsweise nach einer Ansprache voller Leidenschaft seiner Freundin Amy unbedingt gestehen muss, dass die gefühlvollen Sätze Wort für Wort aus dem ersten *Spider-Man*-Film übernommen sind. Ein anderes Beispiel ist sein Problem beim Verstehen von Sarkasmus: In der Serie greift Leonard irgendwann zu einem Schild, auf dem das Wort »Sarkasmus« prangt, um Sheldon auf Pennys beißende Ironie aufmerksam zu machen.

Angesichts dieser Eigenschaften haben einige Fans die Theorie aufgestellt, dass der junge Physiker eine Asperger-Störung aufweisen muss: Schwierigkeiten mit sozialer Interaktion, zwanghaft wiederholte Verhaltensmuster, fast schon krankhaftes Interesse für bestimmte Themenbereiche ... Das sind alles typische Merkmale für Störungen am »leichteren« Ende des autistischen

Spektrums. Trotz dieses Verdachts haben die Autoren von *The Big Bang Theory* klargestellt, dass Sheldon ihrer Meinung nach nicht in diese Kategorie fällt. Aus dem einfachen Grund, dass sie der Figur kein Etikett verpassen wollen, das sie in eine bestimmte Norm zwängt, an die sie sich dann halten müssten. Sie wollen sich lieber alle Freiheiten nehmen, um seine besondere Persönlichkeit nach ihrem eigenen Willen ausgestalten zu können. Das wiederum ist nicht unbedingt positiv von all jenen aufgenommen worden, die tatsächlich mit dem Asperger-Syndrom leben, und vor allem *gut* leben. Ein Charakter wie Sheldon könnte sehr dabei helfen, Vorurteile gegen diese Störung zu überwinden und eine positive Identifikationsfigur zu schaffen. Die beste Antwort zu diesem Komplex hat vielleicht Mayim Bialik gegeben, die in der Serie Sheldons Freundin Amy Fowler spielt: »Alle Figuren der Serie ließen sich theoretisch im neuropsychiatrischen Spektrum einordnen. [...] Besonders interessant daran ist jedoch, und das sollte nicht übersehen werden, dass wir das nicht als Pathologie betrachten und auch nicht versuchen, die Figuren davon zu heilen oder auch nur sie zu verändern. [...] Wir finden häufig eine Möglichkeit, eine Schwierigkeit zu umgehen. Man muss nicht immer eine Lösung dafür finden, ein Heilmittel und ein passendes Etikett. Wir zeigen vielmehr [...] eine Gruppe von Menschen, die wahrscheinlich schon immer verspottet wurden und denen gesagt wurde, dass sie niemals wirklich anerkannt werden würden. Und doch gelang ihnen eine erfolgreiche Karriere, sie haben ein aktives Privatleben, romantische Beziehungen und eine insgesamt reiche und erfüllte Existenz.«

Das ist letztlich auch der Grund, weshalb *The Big Bang Theory* so beliebt und erfolgreich ist: Trotz allem rücken die Unterschiede in den Hintergrund.

10 DINGE, DIE MAN ÜBER
THE BIG BANG THEORY WISSEN SOLLTE

1.

Pennys Nachname wurde in der ganzen Serie nicht erwähnt. Es gab schon Gerüchte, dass sie womöglich mit jemandem aus der Gruppe verwandt sein könnte, doch Chuck Lorre hat das ausgeschlossen.

2.

Leonard trägt eigentlich keine richtige Brille. Bei genauem Hinsehen kann man erkennen, dass das Gestell meistens gar keine Gläser umfasst.

3.

Von den ganzen Darstellern der Serie hat nur Mayim Bialik wirklich einen Doktortitel. Sie spielt Amy, Sheldons Freundin, und ist tatsächlich Neurowissenschaftlerin.

4.

Sheldon hat auch bei den Naturforschern gepunktet. *Bazinga!*, einer seiner typischen Sprüche, wurde bei der Bezeichnung einer neu entdeckten Bienen-Spezies verewigt, die nun *Euglossa bazinga* heißt.

5.

Jim Parsons, der Sheldon Cooper spielt, hat eigentlich den Titel »Nerd« gar nicht verdient: Obwohl er in der Serie ständig darüber spricht, hat er noch keine Folge *Star Trek* oder *Doctor Who* gesehen.

6.

Johnny Galecki (Leonard) und Kaley Cuoco (Penny) waren zwei Jahre lang heimlich ein Paar, ohne dass jemand davon gewusst hätte. Am Ende haben sie sich jedoch in beiderseitigem Einvernehmen getrennt.

7.

Bevor die Serie anfing, die wir heute kennen und lieben, wurde eine Pilotfolge gedreht, in der anstelle von Penny eine gewisse Katie (Amanda Walsh) vorgesehen war. Vor allem jedoch hatte die erste Version von Sheldon keinerlei Probleme mit Sex.

8.

Die Titelmusik von *The Big Bang Theory* wird von der kanadischen Band Barenaked Ladies gesungen. Ed Robertson, der Gitarrist, hat den Song auf Anfrage von Chuck Lorre und Bill Prady geschrieben. Es gibt eine längere Version, die man online finden kann.

9.

Die Gleichungen, die man immer wieder auf Sheldons Tafel sehen kann, sind alles andere als Unsinn. Sie werden jedes Mal von David Saltzberg angeschrieben, einem Physiker von der University of California, Los Angeles (UCLA), der als wissenschaftlicher Berater der Serie tätig ist.

10.

In Weißrussland wurde 2010 eine Serie ausgestrahlt, die große Ähnlichkeit mit *The Big Bang Theory* aufwies: Теоретики (*Die Theoretiker*). In den Hauptrollen: vier verklemmte Wissenschaftler namens Sheldon, Leo, Hovard und Raj – und die hübsche Kellnerin Natasha, die nebenan wohnte. Nach einer Staffel war jedoch Schluss, als die Schauspieler erfuhren, dass es sich um ein Plagiat handelte.

DANK

Ganze Jahre, die ich vor dem Fernseher verbracht habe, sind in dieses Buch eingegangen – in dem Versuch, zwei Leidenschaften miteinander zu verbinden: die Wissenschaft und TV-Serien. Viele Menschen haben diese Seiten wieder und wieder gelesen und standen mir mit Hinweisen, verbalen Kopfnüssen und Ermutigungen zur Seite. Welche Serie soll ich aufnehmen? Auf welche Aspekte soll ich mich konzentrieren? Dem Austausch mit Gianluca Melandri ist es zu verdanken, dass die hier abgedruckten Ausführungen überhaupt Form angenommen haben: Sein kritisches Auge hat jeden einzelnen Buchstaben überwacht. Zu ihm hat sich eine bunte Schar von Freunden und Kollegen gesellt, allesamt begeisterte Erzähler im Dienste der Wissenschaft, die sich bemüht haben, meine Wissenslücken in ebenso komplexen wie spannenden Bereichen zu füllen. Ich bedanke mich für ihren Einsatz, ihre Hilfsbereitschaft und ihren Fleiß (in streng alphabetischer Reihenfolge) bei Amedeo Balbi, Silvia Bencivelli, Andrea Bernagozzi, Danilo Cinti, Sandro Iannaccone, Tiziana Moriconi, Adrian Ostric, Alice Pace und Giulia Rocco.

Nicht unerwähnt bleiben darf die aktuelle und ehemalige Redaktion von *Wired*, die mir längst ein zweites Zuhause geworden ist, zusammen mit dem Freund (und Leiter) Federico Ferrazza.

Bleiben noch die Personen, die an dieses Buch geglaubt haben, Vittorio Bo und Stefano Milano, sowie jene, die es veredelt haben, Enrico Casadei und Giovanna Bova. Nicht zu vergessen natürlich der großartige Illustrator Marco »Goran« Romano, der diese Seiten ausgeschmückt hat.

Andrea Gentile
Wie kommt der Sand an den Strand?
Wissenschaft unter dem Sonnenschirm
Aus dem Italienischen von Johannes von Vacano
200 Seiten, Klappenbroschur
ISBN 978-3-455-70009-1
Atlantik Verlag

Für Sonnenhungrige und Wissensdurstige: Physik, Chemie und Biologie für Sonnenschirm und Strandkorb. Warum können Wale und Delfine Meerwasser trinken? Wie baut man die perfekte Sandburg? Warum ist das Meer blau? (Nein, es reflektiert nicht den Himmel!)

Jeder, der vom letzten oder nächsten Urlaub am Strand träumt oder schon unterm Sonnenschirm liegt, findet hier lustig und verständlich erklärte Fakten über die Welt aus Sand, Wellen und Wasser – zu allem, was man sich während des Sonnenbadens sowieso schon immer gefragt hat.

»Kein Buch ist besser für den
Strandurlaub geeignet als dieses hier.«
Süddeutsche Zeitung

Jacopo Pasotti
Wie viel wiegt ein Berg?

Wissenschaft über der Baumgrenze
Aus dem Italienischen von Johannes von Vacano
208 Seiten, Klappenbroschur
ISBN 978-3-455-70015-2
Atlantik Verlag

Wie lange überlebt man, wenn man von einer Lawine verschüttet wird? Warum können bolivianische oder tibetanische Kinder auf 4000 Metern Höhe Fußball spielen, ohne außer Atem zu kommen? Bei welchem Luftdruck gelingt die perfekte Hüttenpasta?

Für alle, die von majestätischen Gipfeln und sonnenbeschienenen Almen träumen oder schon auf dem Weg dorthin sind – verblüffende und atemberaubende Einblicke in die Welt der Berge.

Chris Woodford
Wohin geht das Licht, wenn man's ausknipst?

Wissenschaft in den eigenen vier Wänden
Aus dem Englischen von Johannes von Vacano
240 Seiten, Klappenbroschur
ISBN 978-3-455-70019-0
Atlantik Verlag

Wieso lässt sich nie der ganze Staub von einem Bücherregal pusten? Kann man einen Raum mit nur einer Kerze beheizen? Wie lange müsste ein Hamster in seinem Rad laufen, um mit der entstehenden Energie eine Tasse Kaffee zu kochen?

Entdecken Sie, dass ihr Zuhause mehr als vier Wände und ein Dach über dem Kopf zu bieten hat – überraschende, unglaubliche und unterhaltsame Einblicke in die Wissenschaft rund ums eigene Heim.